KB069126

습지에서
지구의 안부를 묻다

습지에서 지구의 안부를 묻다

기후위기 시대
펜, 보그, 스웜프에서 찾는
조용한 희망

애니 프루 지음
김승욱 옮김

이 작은 책을 에콰도르 사람들에게 바친다.
그들은 자연 생태계의 법적인 권리를
세계에서 최초로 헌법에 포함시켰다.
안데스의 운무림 로스 세드로스를 보호하기 위해
최근 광산회사들을 규제하는 판결이 내려진 것은
전 세계를 위해 의미 있는 사건이다.

왜 펜fen, 보그bog, 스웜프swamp일까?

(뒤에 나오는 저자의 설명처럼 이 세 단어는 각각 다른 종류의 습지를 뜻하는데, 우리말에서 이 세 단어는 모두 '습지', '늪', '소택지', '수렁'으로 번역될 뿐만 아니라 저자가 설명한 정의와 정확히 맞아떨어지는 우리말 용어도 없어서 영어 발음 그대로 표기하기로 하였다—옮긴이)

나는 원래 기후위기와 아주 밀접하게 연관되어 있는 습지를 이해하기 위해 개인적인 에세이를 쓰려고 했다. 관련문헌이 방대해서, 온실가스인 이산화탄소와 메탄을 함유한 토탄을 형성하는 특별한 습지 펜, 보그, 스웜프, 그리고 수백 년 동안 이어진 인간과 이들 사이의 상호작용에만 초점을 맞추는 수밖에 없었다. 그런데 그 에세이가 점점 자라나서 이 작은 책이 되었다. 나는 과학자가 아닌데, 내가 찾아낸 자료는 대부분 가능한 한 피하고 싶은 전문적인 어휘로 작성되어 있었다. 내 짐작에는 이 난해한 언어라는 장벽이 과학과 평범한 독자 사이의 단절에 중요한 역할을 하는 것 같다.

뜻밖의 장소와 옛날 책에서 여러 주장들의 흔적을 더듬어 그들 사이의 관계를 밝혀내는 일을 즐기는 사람들이 있다. 나도 그런 사람 중 하나다. 이상한 주장이나 구절이 지면에 슥 나타날 때 나는 금방 매혹된다. 그런 주장이나 구절은 보이지 않던 연결고리를 보여줄 때가 많다. 안개 낀 여름날 아침에 이슬 맺힌 거미줄이 줄기들 사이에서, 나무와 바닥 사이에서, 잔가지와 나뭇잎 사이에서 우리 눈에 띌 때와 비슷하다. 태양이 지면을 달구면 이슬방울은 증발하고, 섬세한 거미줄이 세상을 하나로 묶어주고 있는 듯한 환상도 함께 증발한다.

애니 프루

차례

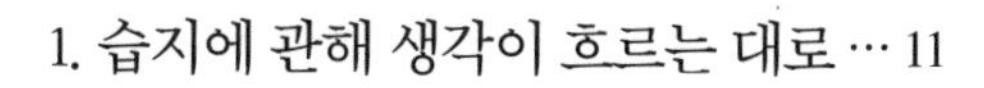

펜FEN

토탄이 생성되는 습지 중에서, 고지대에서 흘러 내려오는 개울이나 강처럼 광물이 함유된 토양과 접촉한 물이 적어도 일부나마 흘러드는 곳을 말한다. 이처럼 광물이 함유된 물은 갈대를 포함한 습지의 풀에 영양을 공급할 수 있다. 펜은 수심이 깊은 편이다.

보그BOG

토탄이 생성되는 습지 중에서, 광물이 함유된 토양과 접촉하지 않은 물인 강우가 수원인 곳을 말한다. 이처럼 강수에 의존하는 물은 물이끼에 영양을 공급한다. 보그의 수심은 펜보다 얕은 편이다.

스웜프SWAMP

토탄이 생성되는 습지 중에서, 광물을 함유하고 있으며 나무와 덤불이 무성한 곳을 말한다. 스웜프의 수심은 펜이나 보그보다 얕은 편이다.

습지에 관한 정의는 윌리엄 J. 미치와 제임스 G. 고스링크의 《습지(Wetlands)》, 2015, 5판(와일리)의 것을 따랐다.

〈 1 〉

습지[1]에 관해 생각이 흐르는 대로

1 습지를 뜻하는 영어 단어 wetland는 1950년대와 1960년대까지는 존재하지 않았다. 당시 미국의 사냥 관련 법률 개정과 철새 이동에서 나온 단어다. 옥스퍼드 영어사전(OED)은 *Science News Letter* 1955, *New Scientist* 1965, *Nature* 1969를 인용하고 있다.

〈곱슬머리 아라사리와의 모험〉, 조사이아 우드 휨퍼 그림

나는 사람이 어떤 시대에 태어났는가에 따라 인류와 자연계의 관계에 대한 인식이 결정된다고 믿는다. 나는 1935년에 아직 농촌이던 코네티컷 동부에서 태어났다. 내 양친은 모두 17세기에 북아메리카에 정착한 사람들의 후손이었다. 1935년이라면 개인 경작자가 방직공장 노동자로 변신한 지 두 세대가 지난 무렵인데, 두 분은 당시 방직공장 노동자에서 중산층 화이트칼라의 삶이라는 더 현대적인 변신을 위해 애쓰고 있었다. 그러나 외가와 친가 모두 여전히 닭과 소를 길렀다. 외가에는 가구를 만드는 목공과 화가가 있었다. 모두 아마추어 박물학자로, 새, 곤충, 양서류의 습성과 서식지를 잘 알았으며, 온갖 야생화와 나무의 이름, 그리고 그 목재의 쓰임새를 줄줄 말할 수 있었다. 콰인보그 호수에 있는 그들의 야영지에서 나와 사촌들은 수영을 배웠다. 그들은 조용하고 이끼가 낀 숲을 남몰래 숭배했으며, 야생매가 봄에 북쪽으로 이동하는 모습을 볼 때마다 감격했다. 내 어린 시절의 첫 기억은, 어른들이 낮잠을 자라고 나를 나무 밑에 눕혔을 때 나뭇잎 사이로 햇빛이 새어 들어오던 광경이다. 그 시절 이 일가친척들 덕분에 나는 자연계의 복잡성을 언뜻 엿볼 수 있었다. 손모아장갑을 닮은 이파리로 사사프라스를 알아보고 삼림 가장자리에서 친구를 본 듯한 기분이 되는 것은 유년기의 그 시절에 내가 아직 닻을 내리고 있기 때문이다. 그때 나는 세상을 조금 안다고 생각했다.

점점 나이를 먹어 책도 읽고 여행을 다니면서, 나는 스스로 '문명인'이라고 자만하던 인류가 못된 행동을 많이 한 시기가 바로 1930년대였음을 알게 되었다. 그때는 또한 경제 붕괴, 세계적인 불경기와 빈곤 확산, 장기간에 걸친 가혹한 가뭄, 강제노동수용소, 스트롱맨 지도자, 강렬한 국가주의 선동, 인종과 관련된 만행, 삼림파괴, 린치, 폭력조직, 부정거래의 시기였다. 끊임없이 이어지는 '진보'라는 이름으로 서방 국가들은 자신의 영토와 남의 영토에서 광물, 목재, 어류, 야생생물을 약탈하느라 여념이 없었다. 댐을 지어 습지도 마르게 했다. 남부 스웜프에 흰부리딱따구리가 존재했던 마지막 시기이기도 했다. 각국 정부와 기업가들은 강의 모양을 직선으로 만들고 댐을 쌓았다. 잡석으로 해안의 숨통을 막고, 다이너마이트로 산에 깊은 광산을 파고, 하늘을 더럽혔다. 이 악명 높은 시기, 영생대psychozoic era(인류가 지상에 나타난 때부터 시작된 지질시대—옮긴이)라고 일컬어지는 긴 시대의 일부인 이 시기[2]에 인생의 첫 시작을 겪은 나의 경험이 지금 생각하면 타임캡슐에 담긴 이상현상이었던 것 같다. 이제 나는 그 시대가 끔찍한 현재의 전조였음을 알겠다. 그러나 1938년에 세 살이던 나는 곧 닥쳐올 전쟁에 대해서도, 사람을 마구 죽여대는 독재자에 대해서도, 야생의 환경을 파괴하며 의기양양하게 이윤을 추구하는 자들에 대해서도, 유행병에 대해서도, 반란에 대해서도, 독기로 사람을 마비시키는 정치에 대해서도 전혀 알지 못했다.

주변상황을 잘 모른 채 시골에서 보낸 내 유년시절에는 신기한 것이 가득했다. 어느 날 어머니를 따라 블루베리 덤불을 통과하니 갑자기 스웜프가 나타났다. 어머니가 마른땅에서 풀숲으로, 또 그다음 풀숲으로 펄쩍펄쩍 뛰어서 이동하는 것을 보고 나도 따라 하려고 해보았다. 가늘게 흔들리는 수풀에 안착해 물속을 들여다보았는데, 뭔가가 움직이면서 진흙이 창백한 구름처럼 일었다. 어머니의 팔이 호선을 그리며 올라갔다가 내려왔다. 그다음 수풀까지는 거리가 멀었다. 그리고 그곳의 풀줄기에는 검은색과 노란색이 호랑이무늬처럼 어우러진 거미 한 마리의 거미줄 중앙선이 지그재그 모양으로 걸려있었다.[3] 만약 여기서 내가 뛰어오른다면 저 불길한 물속으로 빠지

2 Ellen Meloy, *The Last Cheater's Waltz*, (Henry Holt, 1999) p. 69.

거나 아니면 거미의 품에 떨어질 것 같았다. 그래서 내가 소리를 질렀더니 어머니가 나를 다시 마른땅으로 데려다주었다. 우리는 그곳을 에둘러 움직이면서, 스웜프 안쪽으로 들어가는 것이 가능한 곳에서만 안으로 들어갔다. 맹렬한 새들이 지키는 죽은 나뭇가지를 지나기도 하고, 그 어떤 조향사도 지금껏 흉내 내지 못한 최면 효과를 지닌 향을 내뿜는 수련睡蓮 연못의 가장자리를 따라가기도 했다. 수천 개의 거미줄이 식물 줄기와 갈대를 레이스처럼 장식하고, 반쯤 물에 잠긴 통나무에도 붙어있었다. 없는 곳이 없는 개구리들은 수련 이파리 너머에서 불룩 튀어나온 눈을 부라렸다. 거리가 멀어서 눈에 보이지 않는 생물들이 물속으로 첨벙 몸을 숨기는 소리도 들렸다. 무서운데 동시에 신이 났다. 너무나 낯선 이곳에서 나는 처음으로 지리적 '다름'을 경험하고, '미지의 땅'으로 들어갈 때의 전율을 느꼈다. 폴란드의 화가 겸 작가 브루노 슐츠는 다음과 같은 글로 이런 순간을 살짝 건드렸다. "…우리는 유년시절에 우리에게 결정적인 의미를 지니는 이미지들을 어찌어찌 획득한다. 그 이미지들이 가닥가닥 모인 용액을 중심으로 세상의 의미가 우리에게 구체화된다."[4] 내게는 이 말이 진실이다. 슐츠

---

3 지그재그 모양의 중앙선, 즉 숨은띠(*stabilimentum*)가 공중을 나는 새가 일으킬 수 있는 재앙에 맞서 거미줄을 강화하는 역할을 한다고 생각하는 사람들이 있다. 몇 년 전 나는 피츠버그 자연사박물관의 조류표지(새의 이동상황을 파악하기 위해 다리에 묶는 밴드—옮긴이) 부착실에서 새들의 충돌을 막아주는 창유리의 실험적인 샘플을 본 적이 있다. 거기에 거의 눈에 보이지 않을 정도로 연하게 새겨진 무늬가 숨은띠와 크게 다르지 않아서 흥미로웠다.

에게도 이 말이 진실이었기를, 그리고 그가 생애의 끝에서 유년기의 황금빛 이미지를 떠올렸기를 바란다. 그의 단편집 《악어의 거리》에서 화자인 어린이가 달빛에 홀려 도시를 방황할 때 부드럽게 빛나던 밤풍경 같은 것. 하지만 그보다는 그를 평생 동안 괴롭혔던 이미지, 즉 "엔진덮개를 열고 불빛을 이글거리는 택시 한 대가 밤의 숲에서 나타나는"[5] 모습이 그가 쓰러지는 순간 떠올랐을 가능성이 더 크다.

스윔프에서 거미를 본 기억은 오래 남았다. 세월이 흐른 뒤, 거미줄에서 지그재그 모양의 중앙선, 즉 숨은띠가 공중을 나는 새가 일으킬 수 있는 재앙에 맞서 거미줄을 강화하는 역할을 할 수도 있다는 것을 배웠다. 숨은띠가 새와 곤충이 모두 볼 수 있는 자외선을 반사하며, 끈적거리지 않고, 눈부신 하얀색 끈이라서 사냥감을 끌어들인다고 믿는 사람도 있다. 그러나 〈행동생태학〉에 실린 또 다른 연구는 숨은띠가 거미의 사냥성적을 거의 30퍼센트나 감소시킨다는 것을 밝혀냈다. 몸집이 크고 색이 화려한 거미를 포식자의 공격으로부터 보호해주는 위장효과가 있는 것 같다는, 필사적으로 지푸라기라도

4 Bruno Schulz, "An Essay for S. I. Witkiewicz," in *Polish Writers on Writing*, Adam Zagajewski 편집 (Trinity University Press, San Antonio, 2007), p. 31. 나는 성인이 된 뒤 *The Street of Crocodiles*에서 브루노 슐츠의 열정적이고 초현실적인 작품들을 읽었다. 아니, '읽었다'는 말은 옳지 않다. 슐츠의 작품은 읽는 것이 아니라, 인광을 발하는 산문 속을 헤엄쳐야 하는 것이다.

5 같은 글, p. 31. 슐츠는 나치친위대(SS) 대원 사이의 복수극에 휘말려 어느 SS 대원의 총에 맞아 숨졌다.

잡는 것 같은 의견을 내놓은 사람도 있었다. 실샘silk gland에서 계속 거미줄이 만들어지려면 실샘이 텅 비어야 하기 때문에 거미가 남은 거미줄을 다 써버리려고 숨은띠를 만드는 것 같다고 생각하는 사람도 있다. 거미 암컷이 수컷을 유혹하려고 숨은띠를 만든다는 의견도 있는데, 이것을 뒷받침하는 증거도 몇 가지 있다. 숨은띠에 관한 여러 주장 중에서 거의 유일하게 신뢰를 얻지 못한 것은, 숨은띠가 거미줄의 안정성을 증가시킨다는 독창적인 주장이다. 이 모든 내용을 요약하자면, 일부 거미가 거미줄에 지그재그 모양의 숨은띠를 짜 넣는 이유를 사실 우리가 모른다는 뜻이 된다. 재앙이 언제 어디서 우리를 덮칠지 모르는 것과 같다.

나는 그날 어머니와 마찬가지로 습지에서 즐거움을 느끼고 그곳을 소중하게 생각하며 돌아왔으나, 자연과 야생의 풍경을 가만히 바라보며 느끼는 기쁨에 점점 날카로워지는 고통이 섞여든다는 사실을 그 뒤로 수년 동안 배웠다. 지금 이 세기에는 삼림파괴, 점점 사라지는 호박벌과 물푸레나무, 산호초와 해초 숲의 상실로 고통스러워하는 사람이 많다. 북극곰은 작년까지만 해도 얼음이 단단했던 곳을 속절없이 찾아 헤매고, 뇌조는 둥지를 틀 자리에 들어선 돼지농장, 풍력발전기, 고속도로와 대결한다.

자신이 태어난 곳에 뼛속 깊이 동질감을 느끼는 것은 인간이나 동물이나 새나 거의 비슷하다. 선사시대에는 사람이 갓 태어나 눈을 제대로 뜨기도 전에 공생관계가 시작되어 평생 이어졌다. 사람 또한 풍경 속에서 움직이는 일부였기 때문이다. 환경과 사람의 밀접한 관계는 '나란히 물속으로 불쑥 들어간 초록색 바위,' '굽이를 따라 휘어진 회색 버드나무,' '바싹 마른 바위 위로 뻗은 길'처럼 설명이 강한 아파치의 지명에 잘 반영되어 있다.[6]

과거 다른 지역으로 이동한 조상들은 옛 풍경에 대한 의리를 포기해야 했다. 기억은 그들을 먼 옛날의 풍경에 묶어두는 감정적인 끈이었다. 봄비를 맞고 있는 자작나무, 바위가 많은 강어귀 같은 것들. 프랭크 오코너의 단편 〈우메라로 가는 먼 길〉에는 고향으로 돌아가 죽으려고 물살을 거스르는 연어처럼 애쓰는 할머니가 나오는데, 요즘 사람들은 그녀에게 동질감을 거의 느끼지 못한다.[7] 그 할머니는 소망을 이룬다. "호수에는 작은 벌레들이 모여 반짝반짝 빛나는 것 같고, 거대한 물방아처럼 돌아가는 햇빛 기둥은 우윳빛 햇빛 폭포를 산에 쏟아부었다…. 그리고 들판의 허수아비들 사이에 작게 모여있는 검은 소 떼."

지금껏 살아온 그 짧은 기간에만도 나는 인간이 생태계와 야생생물의 서식지에 입힌 수천 가지 피해를 목격했다. 전 세

---

6 Keith H. Basso, *Wisdom Sits in Places, Landscape and Language Among the Western Apache* (University of New Mexico Press, 1996).

7 Frank O'Connor, "The Long Road to Ummera," *Collected Stories* (Vintage, 1981).

계의 강 중 60퍼센트가 넘는 곳에 댐이 생겼고, 숲은 무참히 도륙되어 오랜 옛날부터 이어져 내려온 생물망web of life이라는 개념이 갈기갈기 찢어졌다. 생물다양성과 자연계를 부수는 탐욕의 전 세계적인 폭풍에 탐닉한 것은 위험한 행동이었다. 1950년 이후 세계 인구는 200퍼센트 가까이 늘었다. 데이비드 쿼먼이 2012년에 펴낸 책의 제목 《범람》처럼, 굶주린 사람들이 점점 늘어나며 흘러넘쳤다. 쿼먼은 인구 폭발을 텐트나방 애벌레 창궐에 비유한다. 사람들이 울창한 숲을 베어내고 야생의 장소를 식량 생산지로 바꾸고 스웜프의 물을 빼 경작지로 만들자 새, 포유류, 파충류, 박테리아, 바이러스 등 새로운 생물들이 우리 앞에 나타났다. 인간이 숙주와 서식지를 심하게 파괴해서 다른 곳으로 밀려난 낯선 바이러스들, 즉 사스, 에볼라, 메르스, 여러 종류의 '돼지 독감'[8], 코로나19 같은 바이러스들이 다른 곳에서 다른 숙주를 찾을 수밖에 없게 되었다. 여기서 다른 숙주에는 인간도 포함된다.

새로운 바이러스는 아시아 국가에서 많이 나타난다. 아시아의 인구증가와 심한 삼림파괴가 이유 중 하나지만, 수천 년 동

---

8 Rob Wallace는 *Big Famrs Make Big Flu* (Monthly Review Press, NY, 2016), p. 34에서 '돼지 독감'이라는 이름에 반감을 드러낸다. "인플루엔자의 등장과 돼지는 거의 관련이 없다. 면역체계에 문제가 생긴 돼지 수천 마리가 모여 도시를 만든 것도 아니고, 가장 지독한 인플루엔자균이 전염되는 속도를 늦추는 데 도움이 될만한 유전자 변형을 돼지들이 인위적으로 선별한 것도 아니다. 산업형 가금류 사육시설이 수천 곳이나 모여있는 곳 근처에서 돼지들이 가축 게토를 이루어 살지도 않았다. 트럭, 기차 비행기를 타고 수천 킬로미터를 이동하지도 않는다. 그리고 돼지는 공중을 나는 능력이 없다."

안 농업과 생태계가 서로 뒤섞인 것이 모든 원인의 저변에 깔려있다. 미지의 미생물이 사는 고대의 숲을 공격함으로써 인류는 가만히 내버려 두는 편이 더 좋았을 바이러스와 접촉하게 된다. 박쥐는 많은 식물의 꽃가루를 옮겨주고 대량의 해충을 먹어치우지만, 많은 바이러스를 옮기는 역할도 한다. 인간 때문에 고향에서 쫓겨난 박쥐들은 동굴 대신 도시의 으슥한 곳에 있는 헛간과 다락방을 서식지로 삼는다. 그들이 인간에게 직접 바이러스를 옮기는 것은 아니다. 보통 인간이 다루거나 먹는 동물 중에 중간 매개체가 있다. 중국에서 나온 사스의 경우 사향고양이가 중간 매개체였다. 메르스는 낙타를 매개체로 중동에서 유행했다. 박쥐와 천산갑은 코로나19의 중간 매개체로 많은 의심을 받았으나, 천산갑은 혐의를 벗었다.[9] 엘세비에르에서 펴내는 학술지 〈감염, 유전학, 진화〉에 코로나19 바이러스의 기원에 관한 논문을 기고한 저자들은 다음과 같은 결론을 내렸다. "유행병을 촉발하는 진짜 원인은 사회조직, 사회적으로 어쩔 수 없는 인간/동물 접촉, 현대 인간사회가 제공하는 증폭 구조다. 즉 접촉, 개간, 시장, 국제무역, 이동 등이다." 여기서 '등'에 우리의 미래가 있다.

경작지 확대를 위한 삼림파괴가 열어젖힌 또 다른 문 뒤에

9 R. Frutos, J. Serra-Cobo, T. Chen, C. A. Devaux, "COVID-19: Time to Exonerate the Pangolin from the Transmission of SARS-CoV-2 to Humans," *Infection, Genetics and Evolution* 2020; 84: 104493. doi:10.1016/j.meegid.2020.104493.

서 우리는 박동하는 동물농장을 발견한다. 특히 가금류와 돼지 농장이다. 롭 월리스가 자신의 블로그에 쓴 에세이를 모아 펴낸 《큰 농장이 큰 독감을 만든다》는 습지, 초지, 숲이 있던 자리에 대규모로 들어서 한 종류의 작물만 재배하는 경작지를 공격적으로 파고든다.

인류는 느리고 미묘한 변화를 잘 감지하지 못한다. 우리는 정말로 순간을 사는 생물이다(인터넷 기업 '아마존'의 성공에 바탕이 된 것이 바로 이 점이다). 나무가 있으면 우리는 그것을 베어낸다. 그리고 변화가 일어났음을 즉시 알아차린다. 그러나 나무를 그대로 두면, 1년 뒤에 그 나무를 다시 보더라도 새로 자라난 끝부분(나무의 원래 끝부분과 비슷한 프랙털)을 알아차리지 못한다. 변화를 전혀 보지 못한다는 뜻이다. "벌판 귀퉁이에서 결코 사라지지 않는 차이점"[10]은 우리에게 결코 놀랍지 않다. 우리는 자연계의 느린 변신을 전혀 알아보지 못한다. 매년 한 번씩 휴가를 갈 때 외에는 스스로 자연에서 멀어졌기 때문이다. 그나마 휴가 때에도 자동차를 타고 국립공원에 가거나, '자연'을 모험하게 해주는 유람선을 타고 갈라파고스나 남극 같은 곳을 갈 뿐이다. 우리는 거기서 잠깐 넋을 잃고 있다가 돌아오지만, 그것이 서식지를 더욱 파괴한다.

점진적인 변화를 관찰하려면 몇 년 동안 주마다, 계절마다

---

10 Patrick Kavanagh, "Father Mat."

특정 지역을 계속 들락거려야 한다. 그러면서 새싹, 꽃, 썩어가는 것을 찾아내고, 동물을 관찰하고, 수위의 변화를 알아차리고, 주의 깊게 주변을 살펴야 한다.[11] 원시시대에 모든 인간이 살던 방식이다. 매사추세츠주 콩코드의 헨리 데이비드 소로(1817~1862)는 이 '반복적인 관찰'을 실천했다. 성인이 된 뒤 결핵에 걸려 병세가 악화될 때마다 주기적으로 몸져누운 소로는 매년 봄 몇 마일씩 직접 걸으면서 야생식물들에 꽃이 핀 날짜를 형편없는 필체로 기록했다.[12] 1852~1856년의 기록이 아주 방대하다. 1857년과 1858년에는 결핵이 다시 극성을 부린 탓에 일부 식물을 기록하지 못했다. 1860년에는 미네소타에 다녀왔다. 그의 생애의 마지막 먼 여행이었다. 콩코드로 돌아온 그는 일지를 편집하는 작업에 몰두했고, 1861년 12월 어느 비 오는 날 밖에 나가 나무 그루터기의 나이테를 세고 차가운 빗물에 흠뻑 젖은 채 집으로 돌아왔다. 그 바람에 기관지염에 걸리면서 결핵이 악화되었고, 1862년 5월 무렵에는 병상을 떠날 수 없는 몸이 되었다. 그는 봄꽃이 피어나기 시작한 무렵 세상을 떠났다.

---

11 오래전 와이오밍에서 나는 친구와 함께 털빕새귀리라는 잡초가 잔뜩 자라고 있지만 그래도 나름 '잔디밭' 역할을 하고 있던 곳 가장자리에 덤불 10여 그루를 심었다. 그날 초저녁에 개똥지빠귀 한 마리가 가장 동쪽에 있는 덤불로 날아와 천천히 걸어서 그 주위를 한 바퀴 돌았다. 그러고는 그다음 덤불로 가서 똑같은 방식으로 조사하기를 반복한 끝에 마침내 마지막 덤불에 이르렀다. 세이지브러시부터 강둑에서 자라는 미루나무에 이르기까지 그 일대의 모든 식물을 속속들이 잘 아는 개똥지빠귀였던 것 같다.

12 Richard B. Primack, *Walden Warming: Climate Change Comes to Thoreau's Woods* (University of Chicago Press, 2014).

콩코드의 근면한 이웃들 대부분은 소로를 아무 짝에도 쓸모없는 놈으로 보았다. 밭에서 호미질을 하거나 모루를 땅땅 내려치지 않고 숲이나 어슬렁거리는 바보라고 본 것이다. 그러나 그를 마음에 새긴 사람도 있었다. 앨도 레오폴드는 위스콘신 농장에서 많은 세월을 보내며 소로처럼 봄에 꽃이 피는 시기를 기록으로 남겼다. 식물의 계절 변화에 주의를 기울였지만 이름이 알려지지 않은 시골 사람들도 많다. 소로와 비슷한 시기에 콩코드 토박이였던 앨프리드 윈즐로 호스머(1851~1903)는 사진가 겸 포목상으로 소로의 열렬한 찬미자였다. 소로가 세상을 떠나고 16년 뒤 호스머는 봄에 야생화가 피는 시기를 기록하는 작업을 계속 이어가기로 했다. 그의 기록은 1902년까지 이어졌다. 그로부터 100여 년 뒤 생물학자 리처드 B. 프리맥과 에이브 밀러-러싱은 소로-호스머의 목록에서 가장 흔한 식물 43종을 똑같이 관찰하고, 이 비교 데이터를 기후온난화의 확실한 증거로 내놓았다. 프리맥은 콩코드 일대에서 분홍개불알꽃을 비롯해 직접 야생화를 찾아다닌 경험에 대해 이야기하면서 소로의 기록을 다음과 같이 언급했다.

> 1853년 그[소로]는 이 종이 5월 20일에 처음 꽃을 피웠으며, 그 뒤에는 5월 24일에서 5월 30일 사이에 꽃을 피웠다고 기록했다… 지금은 5월 20일에 분홍개불알꽃의 첫 꽃을 찾으려 한다면 너무 늦다… 콩코드의 분홍개불알꽃이 처음 꽃을 피우는 시기는 과거에 비해 3주 빨라졌다…

아주 긴 공백(소로의 기록은 1850년대의 것이고, 우리 기록은 160년 뒤의 것이다)을 사이에 두고 작성된 기록을 비교한 뒤에야 비로소 나는 개화 시기의 변화를 알아낼 수 있었다.[13]

현대의 소로는 마셜군도, 마이애미, 시베리아, 이스터섬, 뉴욕시에서 수위 상승을 지켜보는 주민들과 이누이트족 사이에서 찾을 수 있다. 도로와 벌판 아래의 영구동토층이 가라앉으면서 땅이 꺼지는 현상을 지켜보는 야쿠트족(동시베리아의 타이가와 툰드라 지대에 사는 종족—옮긴이)도 있다. 관찰력이 뛰어난 사람들은 지금도 존재한다. 그들 중 한 명인 생태학자 찰스 크리사풀리는 1980년 세인트헬레나산의 화산이 폭발하고 고작 두 달 뒤부터 화산재에 뒤덮인 풍경을 조사하기 시작했다. 그 결과 북바위고사리가 발견되었다. 학명이 크립토그라마 크리스파*Cryptogramma crispa*인 이 식물은 산성을 띤 돌더미 속에서 감히 자라나는 선구적인 종으로, 화산의 동반자다. 크리사풀리는 그때부터 매년 그곳을 다시 찾아 이 식물과 인사를 나누고 있다.

찰스 울포스의 《고래와 슈퍼컴퓨터》는 북위도 지역에서 기후변화와 관련된 두 집단, 원주민과 과학자 사이의 대립과 조화를 살펴본 책이다. 2018년 '얼음, 구름, 육지표고 위

13 같은 책, pp. 45~46. 캘리포니아의 동식물을 연구하는 학자들은 생물학자 겸 동물학자인 Joseph Grinnell(1877~1939)의 풍부한 현장메모를 비슷한 방식으로 사용한다. 그의 관찰기록 시스템은 정확한 현장조사를 위한 황금 기준이 되었다. 지구가 점차 더워지고 있는 상황에서 Grinnell의 상세한 관찰기록은 변화를 가늠할 수 있는 기준선 역할을 한다.

성 - 2'(ICE-2)가 옛 위성 대신 활동하기 시작하면서 기술 제품들이 관찰자만큼이나 중요해졌다. ICE-2는 남극에 광대하게 펼쳐진 얼음지대에 관해 고도로 정밀한 자료를 제공해, 얼음이 녹고 있는 곳과 쌓이고 있는 곳을 구체적으로 보여준다. 오차는 고작 몇 인치 수준이다. 그러나 과거의 이상주의적 생물망, 즉 지상의 모든 것이 말이 필요 없는 유대감을 바탕으로 상호관계를 맺고 있다는 생각과 인간이 보스가 된 오늘날의 세계 사이에는 엄청난 차이가 있다. 오늘날의 세계는 분열되고 충동적인 생물이, 시장을 기반으로 한 저명한 자연보호주의자가 설정한 목표처럼, "행성 전체를 물리적인 면과 생물학적인 면이 통합된 시스템으로 관리하는 일"[14]을 해낼 수 있게 해주려고 한다. 자기들끼리도 평화롭게 살지 못하는 인류가 지구 전체를 '관리'할 수 있다고? 우리는 빅테크의 통제하에서 AI, 지구공학, 애플리케이션이 판치는 미래를 두려워해야 한다.[15]

하지만 유대감이 끊어지지 않은 곳도 있다. 환경 디자이너 줄리아 왓슨은 지역의 구체적인 필요에 맞춰 협조적인 생태 해결책을 찾아낸 뛰어난 사례들을 추적했다. 가장 놀라운 사례는 인도 북부의 산악부족이 살아있는 뿌리로 만든 다리와 사다리였다.[16] 약 4만 년 전 동남아시아에서 이 지역으로 이주

---

14 news.mongabay.com/2018/09/.

15 Naomi Klein, "How Big Tech Plans to Profit from the Pandemic," *Guardian Weekly*, 2020년 5월 29일자, pp. 34~39.

한 이 부족은 세계에서 가장 비가 많이 내리는 곳 중 하나인 이곳의 높고 울창한 산에 살고 있다. 몬순 때는 계곡을 타고 격류가 흐르기 때문에 마을 간의 이동이 불가능해진다. 몬순 때 내리는 비의 양이 어마어마해서 마을들은 섬으로 변한다. 무섭게 범람하는 물살을 버텨낼 수 있는 다리는 신성한 인도 고무나무의 뿌리를 계곡 너머로 연결해서 만든 것뿐이다. 무려 50년이 걸리는 작업이지만, 이렇게 만든 다리는 수백 년 동안 거뜬하다. 기가 막힐 정도로 긴 나무뿌리가 살아있는 조각처럼 구불구불 서로 얽히면서 예술적인 다리가 된다. 카시족의 역사와 영적인 기원에 관한 믿음에는 수 세대에 걸쳐 설계된 이 다리가 엮여있다. 같은 방식으로 만든 사다리와 보행로가 비탈길의 마을들을 연결한다. 농경지는 그보다 낮은 곳에 있다.

탄자니아 차가족의 '숲속 밭'도 이 다리 못지않게 독창적이다. 차가족은 킬리만자로의 경사지에서 바나나를 키우는 전문가들이다. 그들은 여러 세대에 걸쳐 원래 숲을 변형시키면서 동시에 숲의 방식을 모방해 각각의 마을을 에워싼 숲 안에 밭을 만들었다. 그들의 밭은 다양성 면에서 전설적이다. 키함바 숲에서 그들이 기르는 바나나 품종은 스물다섯 개가 넘는데, 바나나 외에 500종이 넘는 식물들도 함께 경작되고 있다. 여기에는 아보카도, 파파야, 고구마, 망고, 토란, 커피가 포함된

---

16 Julia Watson, LO-TEK *Design by Radical Indigenism* (Taschen, 2019), pp. 46~63.

다. 숲에서 나무, 리아나(열대산 칡의 일종—옮긴이), 덤불, 착생 식물(식물의 표면이나 드러난 바위 면에 붙어서 자라는 식물—옮긴이)이 있는 구역 안에 흩어져 있는 밭은 계단 형태인데, 지역의 자연환경에 맞춰 설계된 이 경작 방법에 스리랑카, 태평양 제도, 인도네시아, 페루 등 다른 나라들도 관심을 보이고 있다.

***

20세기의 마지막 10년 동안 미국 서부에서 기후가 변덕스럽게 변하고 있다는 증거가 내 관심을 움켜쥐기 시작했다. 로키산 로지폴 소나무 숲이 소나무좀 창궐과 가뭄으로 병들어 죽어가고 있을 때였다. 로키산맥 전역에 있는 이 회색 불쏘시개 숲 때문에 나는 300년에 걸친 삼림파괴 과정을 추적한 소설을 쓰게 되었다.[17] 내 관심을 끌었던 서부의 그 숲은 지금 맹렬하게 불타오르고 있다.

와이오밍에서 북서부 태평양 연안으로 이사했을 때, 나는 땅과 바다가 서로에게 영향을 미치는 이곳의 새로운 환경을 배워야 했다. 후미에 층층이 얽혀있는 여러 서식지를 알아내는 데만도 시간이 걸렸다. 단단한 것은 전혀 없는 것 같았다. 조류潮流, 해수면, 해초, 침식되는 절벽, 바닷가 새들의 삶, 숲

17 *Barkskins*, 2016. 그 숲은 2020년의 대화재 때 불쏘시개가 되었다.

과 하층식물, 이 모든 것에 성가신 문제들이 딸려있었다. 얼마 전까지만 해도 해안 근처의 풍성한 해초 숲이 바다생물들의 낙원이었다는 둥, 올림픽 규격의 수영장 크기만 한 구역 여러 곳이 아직 미지의 영역이었다는 둥, 범고래 떼가 바다를 휘저었다는 둥, 당시에는 유람선이 아니라 이동하는 고래들이 넵튠의 영역인 바다를 지배했다는 둥, 가까운 과거와 지금을 비교하는 말이 끊임없이 들려왔다. 광범위한 조개 밭과 거대한 코끼리조개 덕분에 이 지역이 유명해졌다는 글도 있었다. 그러나 도시가 점점 커지면서 건물이 늘어나고 하수가 흘러나오는 바람에 그 풍요롭던 시절도 끝났다. 심지어 바다도 변화를 피하지 못했다. 바닷가의 집주인들은 해수면 상승을 이겨낼 수 있다는 착각 속에서 잡석과 방파제로 해안을 강화한다. 분주한 철도도 많은 해안지역을 망가뜨리고 있다. 컨테이너선, 쓰레기를 실은 바지선, 유조선, 씽씽 달리는 유람선, 물살을 가르는 여객선, 석유와 가스를 탐사하려고 여기저기 돌아다니는 거대한 배 등이 바다의 침묵을 해친다. 물속을 지배하던 불협화음의 기세가 수그러든 것은 2020년 봄이었다. 코로나19 유행을 막기 위한 단기간의 도시 봉쇄로 바다는 비교적 조용해졌다. 새끼들에게 단 한 번도 고요한 바다를 보여주지 못한 고래들이 어쩌면 기뻐했을지도 모르겠다. 우리는 육지에 살고 있어서 농사짓는 방법을 아는데도, 그것만으로는 충분하지 않은지 뻔뻔하게 물고기를 잡는다. 심지어 해양생물에게 필수적인 먹잇감인 크릴도 잡아들인다. 우리의 뻔뻔한 행동에 바다가 부들부들 떠는데, 우리는 앞으로도 변하지 않을 것 같다.

변하고 싶은 마음도 없다. 고대부터 내려온 유대교-그리스도교 신앙은 인간이 세상의 다른 생물을 마음대로 이용해도 좋다고 허락한다.

> 땅의 모든 짐승과 공중의 모든 날짐승과 땅 위에서 움직이는 모든 것과 바다의 모든 물고기가 너희를 두려워하고 너희를 무서워하리니 내가 그것들을 너희 손에 넘겨주었노라. 살아서 움직이는 모든 것은 너희에게 먹을 것이 될 것이요, 푸른 채소와 같이 내가 모든 것을 너희에게 주었노라.[18]

습지의 역사가 곧 습지 파괴의 역사라는 올리버 래컴의 글이 옳다.[19] 세계 습지의 대부분은 마지막 빙하기 때의 빙하가 녹아 콸콸 쏟아지면서 생겨났다. 먼 옛날 펜, 보그, 스웜프, 바다 후미는 지상에서 가장 바람직하고 믿음직하고 자원이 풍부한 곳이었기 때문에 수많은 생물을 먹여 살렸다. 봄의 습지에 사는 생물들의 다양성과 수만 봐도 아주 멀리에서부터 귀가 멍멍해질 정도로 함성이 일었을 것이다. 그때는 미래를 몰

---

18 창세기 9장 2~3절.

19 Oliver Rackham, *The Illustrated History of the Countryside* (Phoenix Illustrated, 1997), p. 184.

랐다. 인류가 너무 많이 늘어나 지구의 수용능력을 걱정할 지경이 되는 동안, 습지는 농경지와 택지로 변했다. 현재 정치적 소란, 세계적인 유행병, 전쟁의 와중에서 78억 명이 저마다 살아갈 공간을 확보하려고 서로를 밀쳐대며 점점 심해지는 기후위기와 극단적인 날씨를 무시하려 애쓰고 있다.

토탄은 단순한 물질이 아니다. 낙엽, 갈대, 풀, 이끼, 물속으로 떨어져 자리 잡은 섬유질 등 식물이 부분적으로 썩어서 압축된 것이 토탄의 원료다. 물은 부패를 일으키는 가장 중요한 요소인 산소의 유입을 막는다. 수백 년 동안 쌓인 해면질의 침전물로 각각의 보그, 펜, 스웜프는 개성을 얻는다. 토탄에는 자유 셀룰로스, 다량의 수분, 60퍼센트 미만의 탄소가 함유되어 있다. 화학적 구성, 육안으로 보이는 물질과 현미경 수준의 물질 구성은 다양하다. 보그의 맨 꼭대기 층 아래에 있는 '파이프 토탄'은 수백 년 동안 주택 난방에 사용되었는데, 모양과 질감이 굳어진 초콜릿 푸딩과 비슷하다. 날카로운 도구로 절단할 수 있고, 수분이 남아있을 때는 살짝 유연하며, 생나무처럼 반드시 바짝 말린 뒤에야 연료로 쓸 수 있다.

툰드라 지역 특유의 팔사 보그는 식물들이 얼어붙은 영구동토층 위에 자리 잡고 있는 것만으로 수천 년 동안 탄소를 가둬두는 역할을 했다. 알래스카 노스슬로프의 일부 지역에서는 영구동토층의 깊이가 600미터 이상이다. 기후가 점점 따뜻해지면서 이제는 '영구'라는 말을 붙이기가 어려워진 이 동토층이 부드러워지고 있다.[20] 동토층에 붙들려 있던 온실가스가 점점 빠져나와 위기를 기하급수적으로 악화시키고 있다는 점이 무섭다. 열대 숲에서 예상되는 두려운 미래와 마찬가지로 온난화가 강화되고 있다는 뜻이다. 이제는 동토층의 해동을 돌이킬 방법이 없는 것 같다. 결정적인 변화들이 폭포처럼 밀어닥칠 시기가 코앞으로 다가왔다. 북극해에 얼어붙어 있던 메탄이 빠져나오기 시작했다는 2020년 10월의 뉴스를 생각하면 등골이 오싹해진다.[21] 그래도 우리는 변화가 재앙으로 나타날 때마다 희망의 부스러기라도 찾아보려고 애쓴다. 야쿠티아(러시아 연방 극동부의 공화국—옮긴이)에는 지상 최대의 열카르스트(얼음이 풍부한 영구동토층이 녹으면서 땅이 침하해 생긴 지형—옮긴이)인 바타가이 구렁이 있다.[22] 이 구렁의 길이는 1킬로미터, 깊이는 100미터인데 아직 급속히 커지는 중이다. 과학자들은 이곳에서 최대 20만 년 전에 형성된 동토의 샘플을 수집한다. 분자생물학과 미생물학을 이용해 이 샘플에서 박테리아

---

20 2008년에 만들어진 스발바르 국제종자저장고는 인류의 식량이 되는 식물의 씨앗을 모아둔 노르웨이의 저장소다. 얼어붙은 영구동토층 지하 깊은 곳에 있어서, 전쟁과 천재지변으로부터 씨앗들을 완벽히 지킬 수 있을 것으로 여겨졌으나, 2017년 온난화로 인해 얼음이 녹으면서 그 물이 입구 터널로 새어 들어갔다. 물의 유연성은 무한하다. 앞으로 또 이렇게 물이 새어 들어오는 것을 막으려고 배수로와 펌프를 설치했으나, 문제는 여전히 남아있다.

21 www.theguardian.com/environment/2019/nov/27/climate-emergency-world-may-have-crossed-tipping-points. www.theguardian.com/science/2020/oct/27/sleeping-giant-arctic-methane-deposits-starting-to-release-scientists-find.

22 *Siberian Times*, 2021년 3월 4일자.

와 바이러스를 추출해 새로운 항생제를 개발할 수 있지 않을까 하는 희망 때문이다. 그러나 3년 연속 끔찍한 화재가 야쿠티아의 숲을 집어삼키고 있다.[23] 연기가 태평양으로 흘러가서, 알래스카와 북아메리카 서해안에 사는 사람들, 배를 타고 이동하는 사람들이 고약한 갈색 연기 속에서 기침하며 숨을 몰아쉰다.

봉건주의가 국민국가와 서구 자본주의와 제국주의에 자리를 내어주기 시작한 15세기부터 사람들은 토탄지대가 쓸모없다고 말했다. 그 땅에서 *물을 빼내야만* 농경지로서 가치를 지니기 때문이다. 그런데 이제는 95퍼센트가 물인데도 사람이 딛고 설 수 있을 만큼 섬유질이 많은 이 기묘한 곳의 중요성을 다시 배워야 하는 난처한 상황이다. 기후, 날씨, 계절, 지구의 움직임, 습한 환경과 건조한 환경은 모두 유동적이며, '기브앤드테이크'의 법칙을 따른다. 제방, 댐, 배수시설, 수로, 도랑 등은 이 과정에 일시적인 영향을 미칠 뿐이다. 펠라 쿠티(나이지리아 출신 가수—옮긴이)가 〈물에는 적이 없어〉에서 노래했듯이, 물은 궁극의 유동성을 갖고 있다. 그래서 언제나 승리할 것이다. 아니, 정말로 그럴까? 일부 학자들은 앞으로 50년 동안 인류가 지상에 남아있는 땅을 모두 농경지로 바꾸고 민물

---

23 Anton Troianovski, "As Frozen Land Burns, Siberia Trembles," www.nytimes.com/2021/07/17/world/europe/siberia-fires.html?action=click&module=Spotlight&pgtype=Homepage.

을 마지막 한 방울까지 사용해 버릴 것이라고 생각한다.[24] 그럼 그다음에는?

유럽인, 특히 독일 북부와 아일랜드 사람들[25]은 수천 년 전부터 전문적인 도구를 이용해서 직접 토탄을 캤다. 토탄을 자르는 묵직한 기계가 발명되기 이전 아일랜드에서는 슬레인이라고 불리는 특수한 삽과 손수레를 사용했다. 하지만 지금은 엄청난 변화가 진행 중이다. 일부 사람들이 옛 토탄지대에 다시 물을 대서 옛 모습을 복구하고 있는 것이다. 보그는 많지만 유전은 거의 없어서 대부분의 나라에 비해 토탄에 더 의존하고 있는 아일랜드는 토탄지대에서 물을 빼서 만든 땅 1헥타르(1만 제곱미터로 축구장의 약 1.4배 면적—옮긴이)가 1년에 2.1톤의 탄소를 배출한다는 연구가 나온 뒤로 달성하기 힘든 탈탄소 목표치 때문에 고생하고 있다. 브렉시트 이후 농업생산을 증진하는 농업보조금에 대한 EU 규칙에서 자유로워진 영국은 '공익' 카테고리의 프로젝트를 더 늘릴 것을 고려 중이다. 여기에는 습지 복원도 포함된다. 영국 농부 제임스 리뱅크스의 대단히 고무적인 저서 《목동의 삶》과 《전원의 노래》는 사려 깊고

24 www.semanticscholar.org/paper/The-embarrassment-of-riches%3A-agricultural-food-high-Jefferies-Rockwell/5f18215e689941d70a2a5c29033992a7a6bd8cf9. Catrin Einhorn 외, "The World's Largest Tropical Wetland Has Become an Inferno," *New York Times*, 2020년 10월 13일자.

25 Emily Toner, www.sciencemag.org/news/2018/12/power-peat-more-polluting-coal-its-way-out-ireland

생태적인 농업으로 바뀔 수 있을지도 모른다는 희망을 준다.[26]

세계 최대의 토탄지대는 캐나다의 허드슨만 저지대, 러시아의 대大습지, 마요 보그랜드, 미국의 오케페노키 국립 야생보호구역, 인도네시아의 토탄 숲, 파타고니아의 마젤란 툰드라 단지, 티에라델푸에고와 포클랜드제도, 메소포타미아 습지와 중앙 콩고분지의 큐벳 센트랄이다. 인도네시아의 풍요로운 토탄지대에는 삼림이 있는데, 기업가들은 여기서 나무를 벌채하고 땅을 태워 개간해서 야자유 농장을 만든다. 엄청난 생물학적 상실을 보여주는 가장 슬픈 사례 중 하나다. 상점에서 라벨을 읽다가 야자유로 만든 비누를 발견하면 내 머릿속에는 파괴된 숲의 이미지가 떠오른다. 그래서 그런 비누를 사지 않는다.

토탄지대에 사는 사람들 중 일부는 물이 많은 땅을 예전과 달리 소중히 생각할지 몰라도, 또 다른 일부는 두렵게 바라본다. 온난화가 가장 빠르게 진행되는 곳 중 하나인 시베리아 동부 야쿠티아 주민들이 그렇다. 이곳과 시베리아 서부의 대大바슈간 습지에서는 영구동토층이 빠르게 사라지고 있다. 냄비의 뚜껑이 열리고 있는 것과 같다.

중요한 농경지대인 야쿠티아의 영구동토층은 거대한 얼음판의 형태로 존재한다. 구운 고기 사이에 끼운 저민 마늘처럼,

26 www.euractive.com/section/agriculture-food/news/new-uk-farming-bill-guarantees-subsidies-for-2020. James Rebanks, *Pastoral Song: A Farmer's Journey* (Custom House, 2020).

예도마라고 불리는 아주 두꺼운 얼음이 땅속에 박혀있다. 얼마 전부터 소와 사슴을 기르는 목초지와 경작지가 된 맨 위의 땅은 얼음이 녹은 물속에서 헤엄치고 있다. 거대한 구렁이 입을 벌리고, 도로가 기울어져 푹 꺼진다. 이상한 구덩이, 아마도 지하에서 메탄가스가 터져나오는 바람에 생겼을 구덩이가 크게 입을 벌린다. 강에서는 물이 흘러넘쳐 벌판을 덮친다. 이 땅에서 수많은 세대를 살아온 야쿠티아 사람들은 자연계의 세세한 부분까지 몹시 민감하게 알아차린다. 그런 그들이 이제는 이 땅을 이해하지 못하겠다고 말한다. 이제 여기서 생계를 해결할 수 없다는 사실을 깨닫고, 조상 때부터 살던 시골을 떠나 도시라는 황야로 간다. 수천 년 만에 처음으로 모습을 드러낸 마스토돈의 엄니를 좇는 사람들만 기뻐할 뿐이다. 마스토돈의 시체가 썩으면서 엄청난 악취를 내뿜지만, 이 엄니 사냥꾼들에게 그것은 돈의 악취다. 중국의 민간요법 신봉자들이 엄니를 계속 사주기만 한다면. 대량의 이산화탄소를 묶어둘 수 있는 토탄지대의 능력이 이렇게 무섭다. 표면을 찢거나 태워서 날려버리면, 이산화탄소가 바로 코앞에 들이닥친다.[27]

전체적으로 세계의 토탄지대는 벽지 샘플집과 비슷하다. 각각 자기만의 디자인과 특징을 갖고 있기 때문이다. 물과 갈대가 대부분인 곳이 있는가 하면, 도시의 현대인들은 있는지도

---

27 Anton Troianovski와 Chris Mooney, "2°C: Beyond the Limit, Radical Warming in Siberia Leaves Millions on Unstable Ground," *Washington Post*, 2019년 10월 3일자.

모르는 다채롭고 화려한 풍경도 있다. 조용한 먹색 수면, 눈부신 이끼, 창백한 지의류, 쏟아진 물방울처럼 생긴 끈끈이주걱. 이들의 변화는 언제나 견디기 힘들 정도로 느리기 때문에, 계속 기록을 남기지 않는 이상 변화를 알아볼 수 없다. 1년 동안 내내 서서 지켜보더라도, 해수 습지에 침니沈泥가 쌓여 펜이 되는 광경을 볼 수는 없을 것이다. 그러나 이런 곳은 항상 공격을 받고 있다.

***

습지는 인간에게 무슨 쓸모가 있는지에 따라 가치가 매겨진다.[28] 카테고리 분류의 기준은 지리, 지형, 화학, 수문학이다. 생태학자들은 다른 척도를 사용한다. 자연계의 생물 네트워크와 습지 사이의 다른 관계에 관심이 있기 때문이다. 수십 년 전부터 생태학자들은 분류를 논하는 자리에 직접 앉지는 못할망정 근처에는 앉을 수 있게 되었다. 현재 습지 분류를 대하는 냉정하고 침착하고 과학적인 태도에는 환경 파괴와 맞닥뜨렸을 때의 고통스러운 감정과 슬픔이 숨겨져 있을 때가 많다. 재

---

28 펜: 광물이 풍부하게 용해되어 있는 물[주로 지하수]을 받아들이는 토탄지대. 식생의 대부분은 단자엽 식물과 갈색 이끼로 구성되어 있다.
보그: (알래스카와 캐나다에서는 머스케그muskeg라는 단어가 많이 사용된다.) 전적으로 강수만을 받아들이며 지하수의 영향을 받지 않는 토탄지대. 식생의 대부분은 물이끼다.
스웜프: 나무, 덤불, 활엽 초본이 지배하는 토탄지대. 물에는 광물이 풍부하게 용해되어 있다.

난구조나 보건 분야에서 일하는 사람들과 마찬가지로 환경학자들에게는 이런 감정이 일종의 직업적 위험이다. 그런데 대부분의 사람들이 이 고통스러운 스트레스를 꿋꿋이 무시하고 있기 때문에, 상황이 별로 나아지지 않는다.

습지에 관한 다양한 도식이 참고서적에 가득하다.[29] 미국 어류 및 야생동물 관리국은 미국 습지와 심해 서식지의 카워딘 분류법을 사용한다. 습지를 해양, 조수潮水, 호수, 소택형, 강변, 이렇게 다섯 종류로 나누는 방법이다. 미국 공병대는 수문지형학적 습지 분류법도 추가로 사용한다. 자기만의 별도 분류 시스템을 갖췄다고 주장하는 주州도 있다. 워싱턴주는 태평양 연안에서 동쪽의 건조한 용암지대에 이르기까지 극단적으로 다양한 서식지를 갖고 있다. 이곳의 습지는 '심한 간섭을 받은 곳'에서 '희귀하고 대체불가능한 곳'에 이르기까지 네 개의 카테고리로 분류된다. 알래스카는 기본등급이 "알래스카 토지 관리자들의 필요를 충족시키지 못한다"는 판단하에, 쿡 후미 분류법을 만들었다.[30] 쿡 후미 분지의 인구가 급속히 증가하는 상황에서, 빈영양貧營養 상태인 토탄지대를 잘 이해하기 위해서였다. 다른 나라들도 저마다 다른 분류법을 갖고 있다. 비행기로 캐나다 상공을 지나다 보면(또는 그 나라의 지형도를 보면),

---

29 미국의 기본 교과서는 Mitsch와 Gosselink의 *Wetlands*, 5판이다.

30 M. Gracz와 P. H. Glaser, *Wetlands Ecology and Management* (2017) 25:87. doi.org/10.1007/s11273-016-9504-0.

파란 점이 헤아릴 수 없이 많은 것을 볼 수 있다. 빙하가 녹아서 물이 된 곳이다.[31] (앨버타 상공을 지날 때는 파괴된 역청사tar sands 토탄지대를 볼 수 있다.) 캐나다 습지 분류시스템CWCS에는 이렇게 빙하가 녹아서 물이 된 곳의 생태계에 대한 상세한 설명이 있다.[32] 이 분류법에는 파란 점 하나하나의 세세한 생태적 특징이 고려되어 있다고 한다. 그러나 대부분의 나라에서 지역의 지도 작성과 특징 파악은 '하나로 거의 모두를 설명하는' 과거의 습지 정의를 더욱 강화시키는 방향으로 나아가고 있다.

대부분의 분류법에는 습지 보호책이 포함된다. 영국만 한 크기의 큐벳 센트랄은 2012년에야 발견되었는데, 2018 브라자빌 선언으로 보호받고 있다. 콩고민주공화국, 콩고, 인도네시아, '세계 토탄지대 이니셔티브Global Peatlands Initiative(2016년 마라케시에서 열린 유엔기후협약 당사국총회에서 토탄을 보존하고 대기 중으로 배출되는 것을 방지하기 위해 구성된 전문가와 기관들의 모임—옮긴이)'의 여러 회원이 여기에 참여했다. 그러나 브라질과 미국을 비롯한 여러 나라의 사례에서 보듯이, 자연계의 건강보다 인간 기업가의 욕망에 맞게 법안을 손질하는 일이 얼마든지 가능하다. UN 환경프로그램이 이끄는 '세계 토탄지대 이니셔티브'의 목적은 토탄지대 국가들이 전 세계 육지

31 이곳의 아름다움을 의심하는 사람들에게는 *Hakai*, 2016년 9월 19일자 온라인판, Shanna Baker의 기사 "The Secret World of Bog"에 실린 사진이 증거다.

32 CWCS는 토탄지대를 보그, 펜, 스웜프로 분류한다.

의 약 3퍼센트를 차지하는 이 중요한 습지를 보존하고 복원하는 데 도움을 주는 것이다. 법적인 구속력이 있는 파리 협약에는 2015년 니카라과와 시리아를 제외한 전 세계 모든 나라가 서명했으며, 지구 기온상승 폭을 섭씨 2도 이하로 유지하는 것이 목표다. 그러나 여러 면에서 이 협약은 서명한 잉크가 마르기도 전에 이미 낡은 것이 되었다. 각국에 자국의 습지를 보존하는 조치를 취하라고 권고한 것 외에는 토탄지대에 대한 논의가 없었기 때문이다. 기후변화를 부정하는 트럼프는 2016년 이 협약에서 미국을 탈퇴시켰다. 바이든 대통령이 협약에 다시 합류했으나, 점점 줄어드는 지구 자원으로 이득을 얻으려는 광적인 움직임 앞에서 우리를 계속 괴롭히는 의문이 있다. "생명이 살 수 있는 지구를 지키기에 이것으로 충분한가?"

우리가 자초한 기후위기 상황이 20세기 말 대중적으로 널리 알려지기 시작했을 때, 아마존의 숲은 바다 다음으로 이산화탄소가 많이 저장된 곳으로 알려져 있었다. [수십 년 동안 관심 밖에 있던 연안의 염鹽습지에는 이산화탄소가 함유되지 않은 것으로 여겨졌지만, 2020년 캐나다 과학자들이 맹그로브 숲이나 염습지 같은 '푸른 탄소싱크blue carbon sink(탄소싱크는 탄소를 함유한 유기 화학 물질을 무기한 축적하고 저장할 수 있는 천연 또는 인공 저장소를 말하며, '푸른 탄소'는 바다나 연안 생태계에 포획된 탄소를 말한다—옮긴이)'가 해양 퇴적물 속의 이산화탄소 중 절반을 포용할 수 있음을 밝혀냈다.][33] 기후변화를 걱정하는 사람들은 광대한 열대림에 희망을 걸었다. 그러나 토탄지대의 탄소 보유 능력을 인정한 소수의 학자들이 토탄은 막대한 양의 유독가스를 흡수해 가둘 뿐만 아니라 지구상의 우림을 모두 합한 것보다 면적이 넓어서 지표면의 3퍼센트를 차지한다는 점[34]을 지적하며 점점 목소리를 높였다. 그런데 그런 습지조차도 기후조절 능력 면에서 아마존을 대신할 수 없다. 당시에는 아마존처럼 광대하고 영구적인 생태계가 불에 탈 수 있다는 생각은 누구도 하지 못했다. 그 결과 우리가 배운 씁쓸한 진실은 바로 삼림파괴와 화재가 아마존의 새로운 적이라는 것이다.

아마존 유역은 입이 떡 벌어질 정도로 다양한 지역이다.[35] 5천 500만 년 동안 지구에 영양을 공급했으나, 16세기에 서구인들이 나타나 다양한 원주민 부족들을 마구 쓰러뜨렸다. 과학 저널리스트 마르코 람베르티니는 이곳을 '세계에서 가장 풍요로운 식물원'이라고 부르며, 다양성을 강조한다. "예를 들어, 브라질에서는 고작 2제곱킬로미터(500에이커) 안에서 300종의

---

33 Stephanie Wood, "Blue Carbon: The Climate Change Solution You've Probably Never Heard of," *The Narwhal*, 2020년 9월 30일자.

34 손상된 아마존은 이제 이산화탄소를 흡수하지 않고 오히려 배출한다. 나도 *Barkskins*를 쓸 때는 토탄지대의 중요성을 알지 못했다. 이제는 분위기가 바뀌어서, 이산화탄소를 흡수하기 위해 60억 그루의 나무를 심자는 주장이 점점 힘을 얻고 있으나, 기후변화의 수많은 문제들을 해결하기에는 거리가 먼 방안이다.

35 Alan Graham, *A Natural History of the New World* (University of Chicago Press, 2011), pp. 93~94.

나무를 발견할 수 있다. 이에 비해 온대지역이나 한대지역의 광범위한 숲에서는 수십 종을 발견할 수 있을 뿐이다."[36] 복잡하게 얽혀있는 아마존 지역은 증산작용과 구름 형성을 통해 지구의 기후조절을 도왔다. 이곳의 열대림은 탄소와 생물자원을 저장할 뿐만 아니라 지구대기의 순환에도 추진력을 제공했다. 이 지역 생태계의 다른 요소들은 다층적인 반응 시스템을 통해 여기에 협력했다.

외부인들은 열대우림만을 아마존으로 보는 경향이 있지만, 억겁의 세월 동안 다른 지역(아프리카, 북아메리카, 오스트레일리아, 동남아시아, 남극)에서 와서 강 유역을 채우고 있는 땅과 동물 전체가 사람이 손을 댈 수 없을 만큼 다양한 생태계를 이루고 있다. 인간의 뇌로는 그 복잡한 작용을 완전히 이해할 수 없을 정도다.[37]

> 호수와 강 공동체가 있고, 바레자라고 불리는 범람원이 있고, 범람원 너머에는 테라피르메라고 불리는 땅이 있다… 유역 내의 다양한 지형과 토양에 초지, 사바나, 건조림이 있고, 곶과 모래 섞인 흙이 있다. 주

---

36 Marco Lambertini, *A Naturalist's Guide to the Tropics* (University of Chicago Press, 2000), p. 41.

37 아마존의 또 다른 측면을 보여주는 곳은 판타나우다. 계절성 범람으로 만들어진 이 평원은 지상에서 가장 큰 습지로, 야생생물의 다양성 면에서는 습한 세렝게티라고 할만하다. 여기에는 더블침대만큼 커다란 부엽이 달린 빅토리아 수련, 재규어, 거대한 민물수달, 카피바라, 눈부신 파란색의 마코앵무새, 카이만, 아나콘다가 살고 있다. 최근 판타나우는 관광지가 되어 숙명적으로 개발되었으며 사람들이 북적거리고 있다. 2020년 사상 유례가 없는 엄청난 화재가 판타나우에서 발생해 적어도 10퍼센트가 불에 탔다. 이곳에 사는 희귀동물과 멸종위기종도 많은 수가 목숨을 잃었다.

위의 세라도(브라질 동부의 열대 사바나—옮긴이)와 카팅가(날씨가 변화무쌍한 반半건조지역—옮긴이)는 각각 다양한 거리에서부터 강 유역까지 이어져 있다. 이렇게 다양한 서식지와 생물상이 중요한 것은, 환경 변화에 식생이 신속히 대응할 수 있게 해주기 때문이다.

이 마지막 문장의 중요성은 아무리 강조해도 지나치지 않다. 기본적인 필요를 충족시키는 지역[레퓨지아refugia(과거에 광범위하게 분포했던 생물체가 소규모 집단으로 생존하는 지역 또는 거주지—옮긴이)]이 닿을 수 있는 거리에 있다면 많은 종의 생물이 일시적인 재난을 이기고 살아남을 수 있다. 고古식물학자 앨런 그레이엄[38]은 한데 맞물려서 작용하며 기후에 영향을 미치는 자연적인 원인과 인위적인 원인을 넋이 달아날 만큼 상세한 표로 정리한 적이 있다. 열염세포, 밀란코비치 변화, 해수면, 해저분지 부피, 이산화탄소, 메탄, 대기 순환, 비그늘(산으로 막혀서 강우량이 적은 지역—옮긴이), 엘니뇨, 알베도(달과 행성이 반사하는 태양광선의 비율—옮긴이), 화산작용, 식생역사, 침식속도, 조산造山운동, 분단分斷분포(지각변동으로 동일종의 생물 분포가 분리되는 것—옮긴이), 새 기후대, 대양순환, 육교land bridge(바다를 사이에 두고 떨어져 있는 대륙이나 섬을 연결한 육지—옮긴이), 지층, 판구조론과 판의 움직임, 계절성, 가스

38 Graham, 앞의 책, pp. 93~94.

제거, 태양상수뿐만 아니라 심지어 대륙의 모양도 이 표에 포함되었다. 인간은 어디에나 영향을 미친다. 브라질의 멸종위기종인 황금사자타마린(원숭이의 일종—옮긴이) 개체수가 그동안 증가하기는 했어도, 자연보호주의자들은 2018년 5월 황열병으로 타마린이 사망한 첫 사례를 보고했다. 모기를 통해 인간에게서 타마린이 전염된 병이었다. 그다음 해에 이 병으로 동물 개체수가 30퍼센트 넘게 쓸려나갔다. 그 밖에 지속적인 삼림파괴와 화재, 그리고 브라질 현 정부가 주요 고속도로인 BR-319를 재건하고 연장해 아마존을 가로질러서 '보호수림'까지 들어갈 작정으로 추진 중인 습지 배수계획도 생각해야 한다.[39]

아마존이 수백만 년 동안 그 자리를 지킨 것은 숲의 규모가 워낙 큰 데다가, 고통스러운 기후변화 시기에 다양한 생태계와 서식지가 동식물의 레퓨지아 역할을 했기 때문이다. 그러나 숲 여기저기가 파괴되고, 불에 타고, 고속도로로 변하고, 콩을 기르는 경작지로 개간되는 바람에 레퓨지아는 사라지고 숲 전체가 피해를 입었다. 아마존의 유연성도 사라졌다. 20세기는 확실히 아마존에게 견디기 힘든 시기였다. 특히 브라질에

---

39 Dom Phillips, "'Project of Death': Alarm at Bolsonaro's Plan for Amazon-Spanning Bridge," *Guardian*, 2020년 3월 10일자. Renata Ruaro 외, "Brazilian National Parks at Risk," *Science* 367, no. 28 (2020년 2월호), p. 990. Renata Ruaro 외, "Brazil's Doomed Environmental Licensing," *Science* 372, no. 6546 (2021년 6월호), p. 1049도 참조.

서 아마존은 대규모 공격을 받고 있다. 벌채와 화재로 인한 삼림파괴가 당국의 허가를 받아서, 또는 불법적으로 이루어진다. 도로와 목장, 대규모 농업도 숲을 변질시키는 요인이다. 세계적인 기후위기로 인해 점점 잦아지는 가뭄과 더위도 있다.

2년 전 내가 이 에세이를 쓸까 생각하기 시작했을 때, 과거 혼자서도 잘 살아갈 수 있었던 아마존은 이파리가 하늘을 가린 우림에서 풀과 나무가 섞여서 자라는 사바나로 넘어가기 직전의 상태로 비틀거리고 있었다.[40] 2021년 7월 15일자 〈가디언〉은 '탄소원源인 아마조니아, 삼림파괴와 기후변화의 관계'라는 논문이 발표되었다고 보도했다.[41] 이 논문에는 나쁜 소식이 실려있었다. 아마존의 이산화탄소 배출량을 10년 동안 측정한 결과, 도저히 멈출 수 없을 것처럼 보이는 삼림파괴와 화재가 계속 이어지면서 이산화탄소 수치가 증가했다는 내용이었다. 지금은 아마존이 가둬두는 이산화탄소보다 배출하는 이산화탄소가 더 많다. 이 변화를 영원히 뒤집을 수 없는지는 아직 분명하지 않지만, 줄어드는 강우량과 화재, 삼림파괴 등의 변화는 최악의 상황을 가리킨다. 일단 변화가 시작되면, 우림을 되돌리기가 점점 더 힘들어진다. 탁 트인 사바나는 화재

---

40 Fiona Harvey, "Amazon Near Tipping Point of Switching from Rainforest to Savannah—Study," *Guardian*, www.theguardian.com/environment/2020/oct/05/amazon-near-tipping-point-of-switching-from-rainforest-to-savannah-study.

41 Luciana V. Gatti 외, "Amazonia as a Carbon Source Linked to Deforestation and Climate Change," *Nature* 595 (2021년 7월 15일자).

에 훨씬 더 취약하므로, 계속 건조한 평원으로 머무를 수밖에 없다. 우림은 타의 추종을 불허하는 생물다양성을 지니고 있고, 사바나보다 훨씬 더 많은 이산화탄소를 흡수하기 때문에 꼭 필요하다.

콜럼버스 이후 아메리카로 온 소수의 스페인 군인 모험가 겸 탐험가 집단이 "비슷한 사람들의 긴밀한 집단으로, 다수가 에스트레마두라에서 힘든 소년시절을 함께 겪었으며 심지어 몇 명은 혈연으로도 연결되어 있었다"[42]는 점이 독특하다. 발보아, 코르테스, 알바라도, 피사로, 발디비아, 오레야나, 데소토는 "모두 가난하고, 가뭄이 잦고, 믿을 수 없을 만큼 뜨겁고 건조한 스페인 서부 고지대에서 서로 반경 50마일(약 80킬로미터—옮긴이) 이내에서 살았다." 잃을 것이 하나도 없는 이 거친 남자들("손쉬운 약탈을 바라는 포식자들")은 그때까지 알려져 있던 지도를 바꾸고, 수많은 사람들에게 자신의 탐욕스러운 가치관을 강요했다.[43] 코르테스가 예전에 "세상에서 가장 아름다운 도시"라고 묘사했던 멕시코시티의 새들을 일부러 잔혹하게 불태워 버린 사건을 들려준 배리 로페스의 이야기를 누가 잊을 수 있을까?[44] 많은 역사가와 정치가는 이 시골뜨기 탐험가

---

42 Marie Arana, *Silver, Sworld & Stone* (Simon & Schuster, 2019), p. 73 ff.

43 John Hemming, *The Search for El Dorado*, Arana, Silver, Sword & Stone, p. 50에서 재인용.

44 로페스의 이야기는 Graeme Gibson의 *The Fireside Book of Birds* (Doubleday, 2005), pp. 261~263에 실려있다.

들을 우리 마음속의 역할모델로 만들었다. 지금은 이런 사람들이 더 늘어나, 세계적인 자본주의 기업의 깃발을 들고 떠들썩하게 돌아다니며 피해를 끼치고 있다.

피사로 형제 프란시스코, 후안, 곤살로의 친구이자 어쩌면 친척일 수도 있는 프란시스코 데 오레야나는 1541년 키토에서 곤살로 피사로 휘하의 군인이었다. 곤살로는 오레야나에게 범선을 타고 코카강을 탐험하며 강 끝까지 갔다가 돌아오라고 명령했다. 그러나 그의 명령은 그대로 이행되지 않았다. 그 뒤로 수백 년의 세월이 흘렀지만, 지금도 거짓과 진실을 구분할 길이 없다. 코카강과 나포강이 만나는 지점에서 오레야나는 배를 돌리지 않고, 새로운 탐험대를 만들어 계속 하류로 내려갔다. 이것은 (그의 주장처럼) 필요에 의한 결정이었을까, 아니면 황금의 도시를 향해 심장이 두근거리는 탐색을 계속하고 싶다는 욕망이었을까? 오레야나는 코카강에서 멀어지기 전에, 부하들에게 문서를 내밀고 서명을 요구했다. 강의 물살이 너무 거세서 그들이 피사로에게 돌아갈 수 없다는 내용의 문서였다. 그렇게 그들은 몸을 물어대는 곤충과 점점 심해지는 굶주림에 시달리며 계속 나아가다가, 나중에는 신고 있던 가죽 신발을 먹을 수밖에 없는 지경이 되었다. 지옥 같은 여행이었다. 아마존 역사가 존 헤밍은 이렇게 말한다. "세계에서 가장 다양한 생태계에서 유럽인들이 지속 가능한 생활방식을 결코 배우지 못했다는 점이 예나 지금이나 굉장하다."[45]

오레야나 일행이 아마존에 들어와 그 커다란 강을 따라 바다까지 간 때는 1542년 6월이었다. 아마존강을 끝까지 여행한 최초의 유럽인이다. 여행 중에 지나친 거주지를 그들은 '도자기 마을'이라고 불렀다. 그곳 주민들이 만드는 엄청나게 아름다운 도자기 때문에 지은 이름인데, 현재 구아리타 양식이라고 불리는 이 도자기는 품질 면에서 고대 그리스의 유명한 꽃병이나 페루 시피보족의 걸작과 맞먹는다.

피사로는 스페인으로 돌아온 뒤, 오레야나가 고의로 명령을 어겼다며 그를 비난했다. 그러자 오레야나는 강한 물살을 거슬러 노를 젓기가 불가능했다는 내용에 부하들이 서명한 문서를 내놓았다. 피사로 형제는 이제 왕의 총애에서 멀어져 있었으므로, 스페인 왕(카를 5세이자 카를로스 1세)은 직접 '탐험'한 땅을 다스릴 권한을 하사해 달라는 오레야나의 요청을 받아들였다. 스페인 침입자들은 황금에 대한 욕망으로 병들어 있었다. 이 '통제할 수 없는 파괴적인 열병'[46]은 한때 알바로 무티스(콜롬비아의 시인, 소설가, 수필가—옮긴이)의 작품에 등장하는 방랑하는 뱃사람 마크롤도 걸린 적이 있다. 스페인과 포르투

---

45 John Hemming, *Tree of Rivers: The Story of the Amazon* (Thames & Hudson, 2008), p. 21. 스티븐 마이든은 2003년에 발표한 저서 *After the Ice*, p. 354에서 1970년대에 열대 정글 속 사람들과 함께 살았던 인류학자 두 명을 언급한다. 이런 숲에서는 환경에 적응해서 터득한 재주가 없다면, 먹을 것을 구하기가 힘들 것이다. "그들은 바람총으로 원숭이와 새를 사냥하고, 바다거북, 민물거북, 개구리, 물고기, 참새우, 게 등을 잡았다. 숲의 땅바닥에서 야생 덩이줄기를 캐고, 엄청나게 다양한 종류의 고사리, 새싹, 열매, 씨앗을 채취했다."

46 Alvaro Mutis, *The Adventures of Maqroll* (Harper-Collins, 1990), p. 45.

갈에서 온 침입자들은 양심 없는 유럽인으로 이루어진 돌격대였다. 그들은 황금의 광채, 밝은 색 깃털, 노예, 권력과 지위를 열망하며 들이닥쳤다. 십자군처럼 나선 그리스도교인 행세를 했으나, 사실은 원하는 것을 얻기 위해 어떤 만행도 기꺼이 저지를 수 있었다. 하지만 피사로의 꿈도, 오레야나의 꿈도 실현되지는 않았다. 아내까지 포함된 새로운 일행을 꾸려 의기양양하게 아마존으로 돌아가려던 오레야나는 강어귀의 헤아릴 수 없이 많은 섬들 사이에서 길을 잃어 강의 본류를 끝내 찾아내지 못했다. 아내의 말에 따르면, 오레야나는 "부하들을 잃어버린 슬픔과 질병"으로 눈을 감았다.[47]

존 헤밍은 오레야나가 항해하던 당시 아마조니아 저지대에 적어도 400만 또는 500만 명이 수백 개의 무리를 지어 살고 있었을 것이라고 추정한다.[48] 헤아릴 수 없이 많은 종의 동식물과 마찬가지로, 수백 개의 원주민 무리 역시 놀라울 정도로 다양했다. 그러나 1980년대에는 그들의 인구가 고작 수십만 명밖에 되지 않았다. 동식물과 마찬가지로 이 숲의 부족들은 수입에 굶주린 각국 정부와 큰 꿈을 품은 농업 관계자 및 벌목

---

47 Hemming, *Tree of Rivers*, pp. 27~34.

48 Hemming, *Tree of Rvers*, p. 17. 우리가 아는 조밀한 현대도시와는 상당히 다른 형태의 도시가 열대에 존재한다는 증거가 최근 새로운 연구에서 제시되었다. Patrick Roberts, *Jungle*, Basic Books, 2021, 153~171. 로버츠는 유럽인 탐험가들이 나타나기 전에 소규모 농지, 숲 정원, 저수지가 존재하고 홍수통제와 토양보정이 이루어지며, 인구밀도가 낮은 도시들이 넓은 지역에 퍼져있었다고 설명한다. 아마존에서만 이런 식으로 800만~2천만 명이 살았다. 앙코르와트, 고대 마야의 티칼과 칼라크물, 스리랑카의 아누라다푸라 등 다른 열대 정글에도 인구밀도가 낮은 도시들이 있었다.

사업자 때문에 지금도 계속 절멸의 위험에 시달리고 있다. 고향을 보호하려고 나섰다가 살해당한 아마조니아 원주민 출신 보호주의자들의 명단이 너무 길어서 우울해질 정도다. 이 지역은 여전히 전 세계 열대림의 절반을 품고 있으며, 생물다양성 면에서 지상의 모든 곳을 누르고 우위에 서있다. 하지만 앞으로 얼마나 더 그럴 수 있을까?

아마존 세계에서 무엇이 사라졌는지 일부나마 이해하기 위해 나는 과거를 바라본다. 다윈의 자연선택 이론을 지지하며 동물의 의태를 연구하던 박물학자 헨리 월터 베이츠와 앨프리드 러셀 월리스는 1848년 브라질의 파라로 갔다.[49] 그들이 들어간 광대한 숲은 그때만 해도 강우량이 많고 화재는 드문 곳이었다. 적도상에 위치한 만큼 엄청난 양의 태양에너지가 수직으로 쏟아졌으나, 어둡고 습한 숲속에서는 나무 꼭대기로 이글이글 쏟아지는 햇빛을 거대한 나무들 사이로 언뜻 볼 수 있을 뿐이었다. 하늘을 뒤덮은 나무의 세계에서는 나무 아래의 생물들과는 완전히 다르게 특화된 새, 곤충, 열매, 꽃이 살았다. 다른 행성의 생물인가 싶을 정도였다. 베이츠는 숲에 처음 들어갔을 때 본 것을 다음과 같이 적었다.

…나무줄기들은 어디서나 시포로 서로 연결되어 있었다. 어떤 대상을

49 Henry Walter Bates, *The Naturalist on the River Amazon*, p. 15. 인용문에 나오는 '시포'는 열대산 칡의 일종인 리아나를 뜻하는 포르투갈어 cipó에서 나온 말이다.

> 타고 올라가거나 바닥을 기어가는 형태로 자라는 이 나무의 줄기는 유연하고 이파리는 저 높이 달려있는데, 그 줄기가 독립적으로 더 높이 자라는 나무들의 줄기와 뒤섞였다. 케이블처럼 여러 가닥으로 뒤틀린 것도 있고, 굵은 줄기가 온갖 모양으로 일그러져 뱀처럼 나무줄기를 휘감거나 거대한 고리 모양으로…

지금은 거대한 트럭이, 이미 정복당해 연기를 피워올리는 숲의 커다란 통나무들을 끌며 진한 주홍색 진흙 속을 달리는 모습을 보게 될 가능성이 높다.

어지럽게 뒤얽힌 줄기를 묘사한 베이츠의 글이나 스릴이 가득한 텔레비전 '다큐멘터리' 〈목숨을 건 모험〉에서 가난한 원주민들이 목숨을 걸고 숲의 나무를 베어 넘기는 모습보다 더 친숙한 아마존의 이미지는 삼림파괴 현장을 공중에서 찍은 사진이다. 아마존을 사진으로 찍는 것은 어려운 일이다. 습도가 높고 구름(또는 연기)에 가려져 있을 때가 많아서 전체 규모를 파악하기 힘들기 때문이다. 공중사진에는 마치 한없이 늘어선 브로콜리 농장 같은 모습이 찍혀있다. 하지만 지상에서 보는 모습은 다르다. 비록 나는 베이츠나 스페인 정복자들 시대에 존재했던 아마존을 볼 수 없지만, 그리고 보우소나루 대통령 시대의 아마존은 아마 차마 눈뜨고 볼 수 없겠지만, 1819년에 클라락 백작 샤를-오통-프레데리크-장-바티스트가 그린 〈브라질의 처녀림〉은 굶주린 사람처럼 응시할 수 있다. 원주민들이 잘생기고 건강하더라는 보고에 루소가 '고결한 야만인'이라는 개념을 다듬던 시기에 이 그림은 열대림에 대한 유럽인들의 시각에 커다란 영향을 미쳤다.

클라락 백작은 루이 18세의 대사로 브라질로 향하는 뤽상부르 공작 일행에 낄 수 있었다. 브라질의 파라이바두술 강변에서 그는 앞에 펼쳐진 숲의 믿을 수 없는 풍경을 여러 장 스케치한 뒤, 프랑스로 돌아와 그 스케치를 바탕으로 대형 수채화를 그렸다. 한때 박물학자 알렉산더 폰 훔볼트의 소유였던 이 그림은 현재 루브르에 소장되어 있다.

진한 갈색으로 어둡게 표현된 그림을 들여다보면, 높이가 60미터나 되고 커다란 날개 같은 것이 달린 거대한 나무, 다 자란 사과나무 크기의 고사리, 위를 향해 구불구불 소용돌이 모양으로 올라가는 리아나, 착생식물, 깃털 모양 이파리, 공중뿌리, 속이 텅 빈 거대 나무, 빛에 굶주려 허약하게 빼빼 마른 어린 나무 무리가 보인다. 바람은 없다. 흐릿한 햇빛이 쓰러진 통나무 위를 걸어 강을 건너는 일가족과 원주민 사냥꾼을 비춘다. 이 영원한 숲에 자취를 남기기에는 너무나 작고 작은 인간들이다. 바닥에서 올라오는 부패의 냄새, 난초의 향기, 거품을 일으키며 흘러가는 파라이바강에서 올라온 안개의 냄새가 거의 느껴지는 듯하다. 클라락 백작의 그림 속 풍경은 이제 전혀 남아있지 않다. 가뭄과 잘못된 물 관리로 파라이바에는 댐이 건설되고, 물은 오염되었다. 이곳에 살던 물고기 중 일부도 멸종되고, 오히려 외부 침입종이 이곳을 집으로 삼았으며, 강은 산업의 다급한 수요에 맞춰 물을 충분히 공급해 주지 못한다.

2019년 너무나 광대하고 격렬해서 사람의 힘으로는 멈출 수 없는 화재가 마치 서로 합을 맞추기라도 한 것처럼 여기저기서 발생해 아마존 숲, 오스트레일리아 퀸스랜드, 시베리아 토탄지대, 캘리포니아를 까맣게 태웠다. 그 뒤로 매년 더 많은 화재가 더 심하게 발생하고 있다. 아마존 화재는 날씨, 정계와 기업계의 못된 세력, 불법 광업, 땅에 굶주린 농부의 유독한 합작품이다. 스페인 정복자들이 처음 나타났을 때부터 지금까지 줄곧 라틴아메리카를 먹잇감으로 삼은 해외 투자자들의 이해관계도 여기에 끼어있다. 원래 비가 흠뻑 내리고 거대한 강이 여기저기 흐르던 이 숲에 화재가 발생할 수 있다는 사실 자체가 충격적이었다. 2019년 러시아에서 발생한 화재는 시베리아 타이가의 450만 헥타르를 포함해서 모두 1천310만 헥타르(약 13만1천 제곱킬로미터로 우리나라의 1.3배 정도 되는 면적—옮긴이)를 태웠다. 불법 벌목을 숨기기 위한 방화라는 보고가 있었는데도, 러시아 당국은 자연스러운 숲의 화재로 사건을 축소했다.[50] 그 화재가 영구동토층의 해동에 박차를 가했다고 믿는 사람도 있다. 시베리아에서는 2020년에도 또 화재가 날뛰었다. 오스트레일리아의 화재는 전설적인 재앙이 될 것 같다.

---

50 Rachael Kennedy 외, "'Low Chance' Siberia Wildfires Will Be Brought Under Control: Greenpeace Fire Expert," euronews, www.euronews.com/2019/08/06/.

하지만 지금도 그 화재는 무시무시한 현실이었다. 1500만 에이커(약 6만702만 제곱킬로미터로 우리나라의 60퍼센트 정도 되는 면적—옮긴이)가 넘는 땅이 불에 타고, 화재로 목숨을 잃은 동물은 10억 마리로 추정된다. 여기에는 오스트레일리아의 상징적인 동물인 코알라와 캥거루뿐만 아니라 에뮤를 비롯한 여러 새들, 박쥐, 개구리, 곤충, 물고기, 파충류, 사람도 포함된다. 2020년에 전 세계에서 발생한 화재에는 야생생물의 낙원인 판타나우(브라질 중서부에 있는 세계 최대의 열대 습지—옮긴이) 화재도 포함된다.[51] 이곳은 푸른색의 히야신스마코앵무새, 재규어, 멸종위기종인 큰수달 등 희귀한 야생생물이 살고 있는 중요한 서식지다. 판타나우에 2020년 같은 해는 없었다. 유네스코가 세계유산으로 지정한 이곳의 25퍼센트가 불에 탔기 때문이다. 2019년과 2020년에 미국 서부 주들, 특히 캘리포니아는 또다시 대형 화재로 몸살을 앓았다. 2021년인 지금은 토탄지대들이 어느 때보다 일찍 불길에 휩싸여 있다. 2020년에 북극을 덮은 토탄은 이른바 좀비 화재[52]에 시달렸다. 언뜻 죽은 것처럼 보이지만 겨우내 보이지 않는 땅속에서 숨을 죽이고 있다가 봄에 기온이 올라가면 냉큼 되살아나 엄청난 양의 탄소를 뿜어내는 화재이니 좀비라는 이름이 딱 맞다. 19세기에 누

---

51 Catrin Einhorn, "The World's Largest Tropical Wetland Has Become an Inferno," nyt.ms/34LVA7a.

52 Kate Marsden, *On Sledge and Horseback to Outcast Siberian Lepers*, 1891 (Cambridge University Press 재발행, 2012), pp. 103, 136~137.

군가가 시베리아를 여행하며 들은 이야기를 다음과 같이 적어 놓았다.

> …땅에서 속이 빈 것 같은 소리가 나기 시작하는데, 마치 썰매를 끄는 말들이 발굽으로 북을 두드리는 것 같다. 마부는 땅속의 불길이 흙을 먹어치우며 표면으로 올라오고 있어서 불에 탄 땅이 크게 침하되어 말이 지표를 뚫고 불길 속으로 떨어질 위험이 항상 존재한다고 설명한다.

이 여행자는 바로 나쁜 소문을 몰고 다니던 용감한 영국인 선교사 겸 간호사 케이트 마스든이었다. 그녀는 1891년에 발표한 책 《썰매와 말을 타고 시베리아의 버림받은 나병환자들에게 가는 길》로 용기와 끈기와 담력을 지닌 탐험가라는 명성은 물론 적을 비방하는 사람이라는 평판도 얻었다. 불길이 겨울과 여름에 내내 지하에 잠복하면서 나무뿌리를 태우기 때문에, 여름 폭풍이 비와 바람을 몰고 오면 뿌리가 사라진 나무들이 대규모로 한꺼번에 쓰러진다는 그녀의 설명 덕분에 우리는 좀비 화재가 야기하는 피해에 대해 더 많은 지식을 얻을 수 있었다.

나는 와이오밍 북동부의 붉은 기가 강한 자줏빛 도로를 떠올렸다. 빗속에서 가장 아름답고, 왠지 친숙하게 느껴지는 도로다. 내가 듣기로, 이 도로는 옛날 옛적에 지하의 좀비 화재로 불탄 석탄층의 클링커(석탄이 고열에 타고 남은 단단한 물질—옮긴이)로 지어진 것이라고 한다. 이 설명을 듣고 나는 그 색깔이 왜 친숙한지 이해했다. 1940년대에 우리 부모님은 석탄으로 난방을 했다. 아버지는 불에 타지 않는 클링커를 갈퀴로 긁어, 뒷마당에 쌓아두곤 했다. 그 클링커의 색이 도로와 같은 붉은 자주색(적철광 색)이었다. 지금은 석탄을 태우고 클링커를 양동이에 담아 버리는 식으로 일이 간단하게 돌아가지 않는다. 아주 작은 정보조각들이 여름밤의 개똥벌레처럼 가끔 나타나면, 우리 인간들은 기후변화, 사방에서 일어나는 대화재, 서로 얽혀있는 위험, 변화하는 날씨, 연기의 경로, 비틀리는 바람, 폭풍이 동시에 미치는 영향을 이해하기 위해 관련 데이터를 충분히 모으려고 애쓰면서 머리를 쥐어뜯는다. 우리의 연료가 되는 것은 석탄 클링커와 언제나 떠나지 않는 저급한 죄책감이다.

2019년과 2020년의 무시무시하고 파괴적인 화재에는 불탄 나무와 덤불을 넘어서는 피해가 있었다. 수많은 동물과 새가 산 채로 불타 죽은 것보다도 더하고, 숨을 쉬어야 사는 생물이 질식해 죽게 만든 유독한 연기보다도 더한 피해였다. 숲 화재가 만들어 낸 또 하나의 문제는 바로 시베리아의 숲 화재로 생긴 검댕이 그린란드에서 점점 녹고 있는 얼음 위에 두껍게 쌓였다는 것. 검댕이 쌓이자 반사율이 떨어져서 얼음이 열기를 흡수했기 때문에 녹는 속도가 더 빨라졌다.

화재 이후 아마존과 판타나우가 얼마나 되살아날지, 가축을 기르는 목초지와 경작지와 축구 경기장으로 바뀌는 면적은 얼마나 될지 짐작이 가지 않는다. 하지만 과거 일들을 바탕으로 판단해 보면, 회복이 쉬울 것 같지 않다. 아직도 연기가 피어오르는 시베리아 타이가는 얼마나 회복할 수 있을까? 미국 서부의 숲은 되살아날까? 심하게 망가진 숲의 재생이 불가능해지는 결정적인 시점이 있다는 것을 우리는 확실히 알고 있다. 아마존과 아프리카 열대림의 나무 30만 그루가 흡수한 탄소의 양을 30년 동안 추적한 연구가 최근 발표되었다.[53] 이 연구가 시작된 1990년대에 비해 현재 나무가 빨아들이는 탄소의 양이 30퍼센트 줄어들었다고 한다. 1990년대에 나무는 인류가 생산한 이산화탄소의 17퍼센트를 흡수했으나, 2010년대에는 고작 6퍼센트였다. 2030년대 중반쯤이면 열대림이 더 이상 이산화탄소를 흡수하지 못하고 오히려 배출할 것으로 전망되었다. 하지만 그 시기는 이미 도래했다. 만약 기후변화가 점점 가속화되는 것처럼 보인다면, 그것은 아마조니아에서 배출된 이산화탄소가 변화에 박차를 가하고 있기 때문인 듯하다.

한때 격리되어 있던 질병과 바이러스가 인류의 자연파괴로 인해 우리에게 올 수 있는 길이 열렸다는 신호가 바로 코로나19 대유행이라고 생각하는 사람들이 있는 것도 무리가 아니

53 W. Hubau, S. L. Lewis, O. L. Phillips 외, "Asynchronous Carbon Sink Saturation in African and Amazonian Tropical Forests," *Nature* 579 (2020), pp. 80~87. 나는 학자가 아니라서 이 글의 전문을 볼 수 없었다. 그러나 열람이 제한되지 않은 많은 간행물에 이 내용이 보도되었다.

다. 이제 우리는 이런 바이러스의 서식지 겸 숙주가 되었다. 습지가 완전히 사라지기 전에 나는 그 세계에 대해 더 많이 알고 싶었다. 펜과 보그와 스웜프의 세계는 무엇이며, 이런 토탄 지대가 인간뿐만 아니라 지상의 모든 생명에게 어떤 의미를 지니고 있는가?

워싱턴주 타운센드에 살던 몇 년 동안 나는 포트 워든에 있는 노스비치 절벽을 따라 자주 걸었다. 1900년에 서해안 방어의 중요한 연결고리였던 포트 워든은 이제 예술과 과학 프로그램이 활발하게 진행되는 최고의 주립공원이 되었다. 지질학자인 친구와 함께 산책을 나갔을 때, 친구는 피더 절벽feeder bluff(침식과 풍화를 통해 절벽에서 떨어져 나온 것들이 그 아래 해변에 퇴적될 때, 그 절벽을 일컫는 말—옮긴이) 맨 아랫부분의 검은 토탄층을 가리켰다. 가까이 다가가 살펴보니, 식물성 물질이 짜부라져서 회색으로 여러 층을 이루고 있는 것이 보였다. 돌출해 있는 끈 모양 물질이 내 눈에는 짓눌린 갈대처럼 보였다. 아일랜드 토탄 보그의 마른 벽돌 같은 덩어리들과 달리, 이 물질은 축축한 나무 같은 재질이었으며 잘 부서졌다. 셰일과 비슷한 층에서는 혹시 희귀 광물인 남철석을 볼 수 있을까 싶었다. 수분을 함유한 인산화철인데, 공기 중에 노출되면 강렬한 파란색을 띤다고 한다. 1991년에 알프스의 얼음 속에서 미라 상태로 발견된 외치의 몸에는 남철석이 점점이 붙어있었다. 이 광물은 유기물질, 특히 철과 접촉했을 때 생긴다. 1979년 알래스카의 고고학자 데일 거스리가 지금은 멸종한 홍적세의 스텝들소인 '블루 베이브'[54]를 발굴했을 때, 그 몸도 남철석으로 덮여있었다. 유럽 북서부의 보그에서 발견된 고대의 시체들 중에는 남철석이 발견되는 것이 많다. 화가 페르메이르는 〈뚜쟁이〉에서 카펫을 그릴 때 이 광물을 사용했다.[55] 그림을 갓 그렸을 때는 그 부분이 강렬한 파란색을 띠었는지 몰라도, 지난 세월 동안 색이 바래서 지금은 둔탁한 회녹색이 되었다. 그림이 아직 화가의 이젤에 놓여있을 때 그 부분이 얼마나 생생한 푸른색이었을지 상상해 보아야 한다. 내가 살던 곳 인근의 토탄에는 아주 작은 흰색 얼룩이 있을 뿐이었다. 1년 뒤 그 절벽에서 큰 덩어리 하나가 해변으로 떨어졌을 때에야 비로소 새로 노출된 고대 토탄층 전체에 쨍한 파란색이 흩어져 있는 것을 볼 수 있었다.

애드미럴티 후미의 절벽 맨 아래 토탄층에 납작하게 눌려있는 식물 줄기들이 계속 내 마음에 남았다. 처음에는 절벽거리는 펜에서 자라던 사초沙草인가 싶었다. 나는 역사가 페르낭 브로델의 추종자라서 그와 마찬가지로 "기후학, 인구학, 지질

54 R. Dale Guthrie, *Frozen Fauna of the Mammoth Steppe, the Story of Blue Babe*, 1990. "Unearthing Blue Babe"라는 제목의 장은 블루 베이브가 3만6천 년 전 알래스카 사자에 의해 목숨을 잃었다는 거스리의 놀라운 결론으로 이어지는 물리적 증거를 꼼꼼히 살피는 과정을 상세히 흥미롭게 설명하고 있다.

55 www.essentialvermeer.com/palette/rare.html.

학, 해양학, 그리고… 직접 경험하는 사람들이 인식하지 못할 만큼 느리게 진행되는 사건들의 영향"[56]을 살피면 그 가닥들을 따라 과거로 들어갈 수 있다고 믿는다. 퓨젓사운드(미국 워싱턴주 북서부에 있는 만—옮긴이) 지역에 빙하시대의 차가운 혀처럼 돌출해 있는 섬, 배션은 약 1만6천900년 전에 녹기 시작했다. 그 뒤로 수 세기 동안 빙하기와 간빙기를 거치며 빙판이 남쪽으로 내려왔다가 물러났다가 다시 내려오기를 거듭했는데, 비교적 따뜻한 간빙기에는 숲과 삼림이 자라다가 다시 얼음이 밀려오면 깔려버렸다. 마침내 얼음의 공격이 멈추자, 그 자리에 얼음이 녹은 물로 이루어진 강과 개울이 생겨났다. 물은 축축한 컨베이어벨트처럼 흙과 바위와 매머드 잔해를 다시 층층이 쌓아 수천 년 동안 모래가 섞인 절벽을 세웠다.[57] 내 흥미를 끈 토탄층은 아마 사초 펜이 아니라, 삼림 스웜프였을 가능성이 높다. 항상 깊은 곳에서 끊임없이 이어지는 변화의 흐름, 먼 곳에 내린 비가 광기 어린 홍수가 되어 가뭄을 빨아들이고 모든 것의 모든 섬유와 낟알과 원자가 거기에 반응하는 과정을 인식하고 나니 전율이 일었다.

---

56 la longue durée(프랑스 아날학파의 역사연구 방법론 중 하나. '장기지속'으로 번역되며, 역사를 장기적 관점에서 바라보는 것이 우선시되어야 한다는 주장이다—옮긴이)를 통해 역사의 의미를 헤아리는 것에 대한 프랑스 역사학자 Fernand Braudel의 포용적인 시각을 따랐다. www.oxfordreference.com, *longue durée*.

57 여기서 언급한 절벽은 워싱턴주 포트 타운센드 포트 워든 주립공원에 있는 윌슨스 포인트 등대 서쪽에 있다. 이 절벽의 복잡한 내막을 설명해 준 지질학자 Kitty Reed에게 감사한다. Quimper Geological Society가 2017년에 발간한 "Geology of the North Beach Bluff, Fort Worden"은 유용한 안내서다.

〈 2 〉

영국의 펜

FEN

"펜. 토탄이 생성되는 습지 중에서,
광물이 함유된 토양의 물이 흘러드는 곳이며,
보통 습지의 식물에 영양을 공급할 수 있다."[1]

– 미치와 고스링크

1 William J. Mitsch와 James G. Gosselink, *Wetlands*, 5판 (Wiley), p. 711.

워시의 강: 펜의 일부

알렉산더 포프는 18세기에 내놓은 시 〈도덕적 에세이〉에서 조경 전문가들에게 자연스레 생겨난 장소의 '수호신' 또는 정령을 항상 염두에 두어야 한다고 조언하는 뜻에서 '터주genius loci'라는 개념을 제시했다. 펜, 보그, 스웜프와 관련해서는 지금도 의미 있는 조언이다. 나는 우리가 기후변화, 삼림파괴, 가뭄과 홍수, 빈발하는 화재, 바이러스 대유행, 두통, 우울증, 정치적 불안 등으로 고생하는 이유를 알고 싶었다. 만약 자연습지가 사라진 것이 여기에 핵심적인 역할을 했다면, 그런 습지가 어떻게 생겨나서 어떻게 변화했는지, 인간이 터주를 무시하면 왜 그들이 사라지는지도 알고 싶었다. 인간이 과거와 현재에 습지와 어떤 상호작용을 하는지도 알고 싶었다. 무한히 복잡한 '생물망'이 세상을 하나로 유지해 준다는 옛 이미지는 지금도 쓸모가 있지만, 자가치유가 가능한 이 망이 인간 때문에 너무나 많이 찢어진 탓에 더 이상 기능을 수행하지 못한다. 나는 영국 펜의 역사가 해체의 역사임을 알게 되었다.

토탄은 펜, 보그, 스웜프에 축적되며, 모든 단계가 항상 유동적이다. 습지는 점진적인 변화를 보이며 서로 연결되어 있는데, 그 변화의 종착지가 때로는 콩밭일 수도 있고 주차장일 수도 있다. 바다 습지 다음으로 펜이 나타난다. "토탄이 생성되는 습지 중에서, 광물이 함유된 토양의 물이 흘러드는 곳이며, 보통 습지의 식물에 영양을 공급할 수 있다"고 정의되는 곳이다. 전성기의 영국 늪지대는 펜 지역 중에서 가장 유명했다. 한때는 영국 영토의 6퍼센트나 되는 면적을 차지한 습지는 노퍽, 링컨셔, 케임브리지셔의 동해안을 따라 가장 많이 분포되어 있었기 때문에 이 지역들이 간단히 '펜랜드'라고 불렸다.[2] 강과 개울에서 흘러 들어온 민물, 바닷물, 우즈강이 북해로 들러드는 곳인 워시 주변의 육지가 섞인 이 펜의 수심은 장어와 물고기가 살고 배가 다닐 수 있을 정도였다. 산과 섬의 마른 육지는 고도가 충분히 높아서 사람들이 집을 짓고 밭을 가꿀 수 있었다.

에릭 애시의 《펜의 배수》를 읽었을 때 나는 한층 더 강렬한 흥미를 갖게 되었다. 16세기와 17세기의 배수 프로젝트를 연

---

2 링컨셔 북부와 요크셔는 북쪽 펜, 링컨셔 남부와 케임브리지셔는 남쪽 펜이었다.

구한 이 책은 사람들의 이해관계와 정치적 영향력이 넓은 습지를 어떻게 바꿔놓았으며, 국민국가를 키우는 과정에서 고대부터 내려온 생태계가 어떻게 희생되었는지를 탐구한 저작이다.[3] 영국 펜의 광대함과 푸짐함은 내가 영국의 지형에 대해 알고 있던 모든 것을 뛰어넘는 듯했다. 애시는 기상학자 새뮤얼 H. 밀러와 지질학자 시드니 B. J. 스커츨리가 1878년에 발표한《펜랜드, 과거와 현재》를 자주 참고했다. 이 책은 펜의 역사를 설명하려는 첫 시도 중 하나다.

소량 주문생산 방식으로 출판된《펜랜드, 과거와 현재》가 도착했을 때 나는 목차와 그림 목록을 먼저 훑어본 뒤 구독자 명단(뜨거운 인기를 얻기 힘들 것 같은 대형 서적의 제작비를 충분히 확보하기 위해 과거 출판사들이 사용하던 방법)을 훑어보았다. 당시의 유명인, 이를테면 아직 살아있던 다윈 같은 인물이 혹시 거기 포함되어 있을까 싶어서였다. 구독자 명단에는 다윈의 이름이 없었지만, 부록에 모종의 정보를 제공한 사람으로 등장했다. 어쩌면 주변을 침범하는 성향이 강한 북아메리카 수초에 관한 정보였는지 모르겠다.

명단 끝부분에서 나는 앨프리드 로드 테니슨의 이름과 검은 얼룩을 보았다. 잉크를 찍은 펜으로 '계관시인'이라는 경칭을 지워버린 그 자국 위에 누구의 것인지 알 수 없는 뾰족뾰족한

---

3 Eric H. Ash, *The Draining of the Fens, Projectors, Popular politics, and State Building in Early Modern England* (Johns Hopkins University Press, 2017).

필체로 '표절을 일삼는 나쁜 놈'이라는 말이 적혀있었다. 책 전체에 이런 식으로 휘갈겨 쓴 말이 많았다. 아주 많았다. 이렇게 책을 더럽힌 사람에 대해 내가 아는 것이라고는 강하고 남성적인 필체밖에 없었으므로, 나는 그를 속으로 '신랄한 펜'이라고 불렀다.[4]

밀러와 스커츨리가 〈캐멀롯〉의 여러 구절을 인용한 부분에 그는 높이가 5센티미터나 되는 글자로 '썩을'이라고 써놓았다. 두 저자가 '시인'을 언급한 부분은 신랄한 펜이 '이른바 시인'이라고 바꿔놓았다. 그러나 편집자가 "이 계관시인의 글에서 몇 구절의 문체에는 펜의 풍경과 색채에서 받은 인상이 배어있다…"고 말을 덧붙인 부분에서 신랄한 펜은 〈섈럿의 레이디〉(테니슨의 서정적인 속요—옮긴이)에 대한 자신의 의견을 여백에 다음과 같이 요약해 놓았다. "이보다 더 사내답지 못하고 썩어빠진 정신의 겁쟁이는 없었다… 멍청이… 표절범 테니슨."

인정할 것은 인정하자면, 이 신랄한 펜은 펜랜드에 대해 박식해서 그 지역의 경계, 역사, 어원, 일리 대성당의 석재, 경작지 면적에 관해 논평을 남겼다. 그가 250종이 넘는 나비 이름 옆에 체크 표시를 해둔 것을 보았을 때는 혹시 나비 연구자인지 궁금해졌다. 그게 아니라면 최소한 자신이 포획한 표본들을 하나씩 살피면서 행복한 추억을 떠올리는 나비 수집가일

---

4 Samuel H. Miller와 B. J. Skertchly, *The Fenland Past and Present* (London, 1878) 재발행판, pp. 122~123.

수도 있었다. 밀러와 스커츨리의 일람표에 기재된 곤충이 나비뿐이라는 사실도 흥미롭다. 모기는 전혀 언급되지 않았다. 모기와 말라리아의 상관관계가 아직 알려지지 않은 시대였기 때문이다.

크리스틴 치터는 〈자연의 진기한 것을 수집하는 사람들〉이라는 에세이를 통해 영국에서 "19세기 중반 무렵 자연을 좇는 것이 일종의 광풍이 되었다"[5]고 설명했다. 가장 극단적인 사례를 하나 든다면, 아름다운 새알을 좋아하던 요크셔의 부유한 변호사가 있다. 그는 석회암 절벽에 둥지를 튼 어느 불운한 바닷새의 알에 집착해서 매년 돈으로 사람을 사서 그 알을 가져오게 했다.[6] 그래서 그 새는 아름다운 알을 낳는 유전자를 후손에게 물려주지 못했다. 일부 사회과학자들은 19세기 영국인들이 나비 수집에 열정적으로 몰두한 것에 제국을 소유하려는 욕망이 반영되어 있다고 본다. 반면 과학적인 방법론이 막 싹을 틔워서 나타난 현상이라고 보는 사람도 있다. 치터는 그 당시의 수집열에 대한 연구들이 "대영제국의 팽창, 낭만주의, 국가주의, 자연사박물관의 탄생, 실내장식, 상업적인 기업활동" 등을 원인으로 꼽는다고 심술궂게 지적한다.[7]

---

5 Christine Cheater, "Collectors of Nature's Curiosities: Science, Popular Culture and the Rise of Natural History Museums," in *Frankenstein's Science: Experimentation and Discovery in Romantic Culture, 1780~1830*, Christa Knellwolf와 Jane Goodall 편집 (Ashgate, 2008), p. 167.

6 Bernd Brunner, *Birdmania*, 2015, p. 190.

7 Cheater, "Collectors," in Knellwolf와 Goodall, 앞의 책, p. 168.

상상하기 힘들 만큼 다양한 배경의 수집가들 중에는 과학계의 신성 다윈도 있었다. 그는 젊었을 때 딱정벌레를 수집했으며, 자서전에서 다음과 같이 애정을 선언했다.[8]

> 내 열정의 증거를 제시하겠다. 어느 날 오래된 나무껍질을 뜯어냈더니 희귀종 딱정벌레 두 마리가 보여서 양손에 한 마리씩 잡았다. 그러고 나니 딱정벌레가 한 마리 더 보였는데, 그것도 새로운 종류라 도저히 놓칠 수가 없어서 오른손에 잡고 있던 녀석을 입안에 넣어버렸다. 하지만 아뿔싸! 녀석이 아주 강한 산성 액체를 발사해 내 혀가 타는 듯했기 때문에 나는 녀석을 뱉을 수밖에 없었다. 녀석도 사라졌고, 세 번째 딱정벌레도 놓쳤다.[9]

수집가의 열정이 얼마나 깊은지를 잘 보여주는 사례는 앨프리드 러셀 월리스다. 그는 인도네시아의 습한 숲에 사는 오르니토프테라 크로에수스*Ornithoptera croesus*, 일명 '골든 버드윙'을 처음 언뜻 보았을 때를 다음과 같이 묘사했다. "심장이 격렬하게 뛰기 시작하고, 피가 머리로 몰리면서, 죽음을 앞두고 두려웠을 때보다 훨씬 더 기절할 것 같았다. 그날 하루 종일 머리가 아팠다."

---

8 Michael A. Salmon, *The Aurelian Legacy: British Butterflies and Their Collectors* (University of California Press, 2000), p. 26.

9 같은 책, p. 27.

블라디미르 나보코프는 자신이 개인적으로 집착하는 일에 대해 다음과 같이 말했다. “감정 또는 취향, 포부 또는 성취 면에서 내가 아는 것 중에 곤충을 탐구할 때의 풍부하고 강렬한 흥분을 능가하는 것은 거의 없다.”[10]

수집가들이 밝은 색을 띠고 무지갯빛으로 반짝이는 곤충에 매력을 느끼는 데에는 또 다른 이유가 있을지 모른다. 영국인은 1856년 아닐린 염료가 우연히 발견된 뒤 선명하고 강렬한 색조에 민감했다. 젊은 천재 윌리엄 퍼킨은 화학을 사랑했다. 이 조숙한 소년은 열여덟 살 때, 뼈까지 덜덜 떨리게 만드는 말라리아의 치료제로 당시 유일하게 알려져 있던 키니네를 합성할 방법을 찾기 시작했다. 콜타르를 기반으로 사용했을 때는 키니네가 아니라 걸쭉한 갈색 진흙 같은 불순물이 생겼다. 그런데 알코올로 플라스크를 닦다가 그 불순물이 눈이 아플 정도로 강렬한 자홍색으로 변하는 것을 보고 그는 깜짝 놀랐다. 최초의 합성염료인 이것에 그는 모베인이라는 이름을 붙였다. 시대소설의 여주인공 이름으로 적합할 것 같은 훌륭한 이름이었다. 이렇게 눈부시고 강렬한 여러 색조의 자홍색, 연보라색, 불꽃 색, 미나리아재비의 노란색, 말라카이트 초록색은 당시 영국을 지배하던 섬유업계가 키운 패션계를 사로잡았

10 Vladimir Nabokov, *Speak, Memory*, 1966 개정판, p. 126.

다. 여기서 눈부신 나비수집까지는 고개를 한 번 돌리고 눈을 한 번 뜨기만 하면 되었다.

신랄한 펜이 《펜랜드》에 자신의 흔적을 남기고 있던 19세기 마지막 25년 동안 영국에는 토착종 나비가 아주 많았다. 그리고 펜은 특히 풍요로운 사냥터였다.

> 풀을 짧게 깎은 목양장이 경사지에 몇 마일이나 뻗어있고, 아도니스블루 나비와 초크힐블루 나비가 팔랑팔랑 날아다녔다. 모든 교구에는 작은 관목숲 형태로 관리되는 오랜 숲이 있는데, 이 숲속에 언제나 있는 따뜻하고 안온하고 꽃이 가득한 공터는 바닐라에길쭉나비, 한줄나비, 부전나비를 위한 곳이었다. 살충제도, 인공비료도, 주유소도, 근교 슈퍼마켓도 없었다. 주요 도로와 고속도로는 아주 가끔 이 풍경과 교차할 뿐이었다… 공해는 대도시에만 한정되었다. 모자이크 같은 시골풍경은 기억할 수도 없는 옛날부터 말과 농장 동물을 위한 건초와 목초지, 목재와 땔감, 곡식과 과일을 공급해 주었을 뿐만 아니라 곤충들의 낙원이기도 했다.[11]

이 모든 것이 펜 배수와 함께 바뀌었다. 큰주홍부전나비 유충은 그레이트워터독*Rumex hydrolapathum*(다년생 초본식물—옮긴이)을 먹이로 삼고, 맨체스터아거스 나비에게는 히스와 황새풀

11 같은 책, pp. 17~18.

이 필요하다. 이런 식물들이 사라지자 이 희귀한 나비들도 사라졌다. 휘틀지 펜은 큰주홍부전나비의 서식지였으나, 1851년 이 펜에 배수작업이 시행되면서 그들의 운명도 결정되었다. 사초 밭에서 밀크파슬리(유즙이 나오는 유럽산 갯방풍의 일종—옮긴이)를 먹고 살던 산호랑나비도 희생되었다. 수백 년 동안 다양한 '사업자'가 조금씩, 조금씩 펜의 물을 뺀 결과 파편화라는 치명적인 문제가 생겼다. 이제는 뚜렷한 특징을 지닌 펜의 여러 서식지들이 물을 통해 하나로 연결되어 있지 않았다. 생태학자 이언 러더햄은 펜의 물이 빠지면서 생물들이 어떻게 사라졌는지 다음과 같이 설명한다.

> …고립된 서식지, 바다처럼 펼쳐진 농경지에 문자 그대로 섬처럼 자리한 서식지, 그 결과는 재앙이다. 여기서 우리는 진화를 실제로 목격한다. 이 서식지의 여건은 널리 흩어지지 않고 처음 태어난 곳에 그대로 머무르는 개체에게 우호적이다. 이것이 생존에는 도움이 될지 몰라도, 근친교배를 부추기고 새로운 지역으로 널리 퍼지는 것을 막는 역할도 한다. 펜의 산호랑나비가 바로 이런 경우였던 것 같다.[12]

휘틀지 펜에 배수사업이 시행되었을 때, 유명한 나비 연구가 J. C. 데일의 아들이자 수집가인 찰스 윌리엄 데일은 다음과

12 Ian D. Rotherham, *The Lost Fens: England's Greatest Ecological Disaster* (The History Press, 2013), p. 85.

같이 말했다. "한때 많은 희귀종 새와 곤충의 집이었던 곳이 처음에는 말라서 단단하게 굳어진 진흙밭으로 변해 햇빛 때문에 수도 없이 갈라지더니, 지금은 황금빛 수확의 무게 면에서 영국의 어떤 땅에도 거의 뒤지지 않는다."

배수사업에 항의한 사람은 펜의 주민들이었다. 하류층으로 여겨지는 가난한 사람들. 그들은 배수 '사업자'들에 맞서 싸웠지만, 수백 년의 세월 동안 지쳐서 힘을 잃고 제압당했다.[13] 17세기에 왕은 배수사업 쪽에 무게를 실어주었다. 법률, 특허, '권리' 등 관료제도의 모든 수단이 펜의 주민들을 압박했다. 세월이 흐르는 동안 배수사업은 주민들의 항의를 받는 소수의 동네 프로젝트에서 넓은 지역운동으로 바뀌었다. 사람들은 탄식했지만 받아들였다.

이런 변천과정뿐만 아니라 스커츨리의 《펜랜드》에서도 빅토리아 시대의 사고방식을 볼 수 있다. 펜의 배수사업이 막바지에 이르렀을 때 많은 영국인은 깊은 슬픔과 상실감을 표현하면서도, 동시에 야생의 습지가 있던 자리에서 나는 밀과 옥수수에 찬사를 보냈다. 미국의 서부를 연 사람 중 하나가 인디언들의 패배를 "비극적이지만 필수적인" 일로 표현한 것이 생각난다. 이런 것도 인간 심리의 일부다. 돌이킬 수 없는 상실에 대해 타는 듯 뜨거운 감정을 느끼면서도 '진보'와 '향상'을 숙명

---

13 Ash, 앞의 책, 여러 곳.

적으로 받아들이는 심리.[14] '지금', 즉 *우리*가 살고 있는 이 시대가 이전의 모든 시대보다 우월하다는 오만한 생각. 그들이 내놓는 증거는 대부분 기술적인 '향상'이다.

펜이 있기 전에 도거랜드[15]가 있었다

빙하기가 절정이던 2만 년 전 영국은 섬이 아니라, 유럽과 아시아가 합쳐진 거대한 육지의 해안 변방이었다. 이 육지에는 최초의 영국 땅에서부터 지금의 북해 아래에 구불구불 물결치는 평원의 모습을 하고 있던 네덜란드까지 이어진 땅이 포함되었다. 이것이 사라진 땅 도거랜드, 넓이가 18만 제곱킬로미터에 이르는 구릉지대였다.

이스트 앵글리아(영국 동남부에 있던 고대왕국—옮긴이)는 펜의 중요한 일부가 되었지만, 수위가 상승하기 전에는 소나무, 물푸레나무, 떡갈나무가 자라는 나지막한 숲에 구석기인들이 살고 있었다. 어쩌면 그 전에도 주민이 있었을지 모른다. 네안데르탈인과 호모사피엔스의 조상인 호모 안테세소르. 튼튼한 강 여섯 개가 백악으로 이루어진 고지대에서부터 저지대를 가

---

14 C. Robert Haywood, *Trails South: The Wagon Road Economy* (Norman, OK, 1886, 2006), p. 13.

15 범람으로 생긴 땅에 붙은 도거랜드라는 어색한 이름은 풍부한 어장이던 도거뱅크와 연관되어 있다. 도거뱅크라는 이름은 잉글랜드 동해안의 수심이 얕은 곳에 자주 나타나던 네덜란드 어부들의 쌍돛대 어선을 부르던 도거보트dogger boat라는 말에서 온 것이다. 박물관 전시품을 보려면, www.youtube.com/watch?v=a3PzgSJT1bU 참조.

로질러 북해까지 물을 운반했다. (우제 강어귀에 쌓인 퇴적물 때문에 나중에 독특한 직사각형의 만인 워시가 형성되었다.) 도거랜드 주민들은 아마 핀 맥 쿨처럼 "강이 바다와 경쟁하며 울어대는 만족스러운 소리"[16]를 즐겼을 것이다. 세월이 흐르면서 강이 콸콸 흐르는 시기와 북해의 수위가 높아지는 시기가 번갈아 나타나 퇴적물이 층층이 쌓였고, 이 퇴적물은 저지대 전역에서 퇴적 토탄, 민물 토탄이 되었다.

도거랜드의 숲에 살면서 구릉지대에서 사냥하던 주민들에게 광대한 평원은 집처럼 편안한 곳이었다. 그러나 저 멀리 북쪽에서 빙하가 녹기 시작하면서, 기원전 6500년경 북해가 도거랜드로 슬금슬금 밀고 들어오기 시작했다. 극심한 기후변화였다. 계속 밀려온 바다가 작은 언덕을 잡아먹고 저지대에 범람했다. 안개가 끼고, 개구리와 물새가 울어대고, 이동하는 새 떼가 하늘을 검게 가리고, 차가운 바닷물은 은밀히 계속 상승했다.

놀랍게도 사람들은 "해수면이 높아지는데도 떠나지 않고, 먹는 음식을 바꿨다". 숲과 평원이 펜과 강으로 변하면서, 고기를 얻기 위한 사냥이 낚시로 바뀐 것이다. 논리적으로는 해수면 상승속도가 느렸기 때문에 사람들이 오랜 기간 동안 고지대로 이주할 수 있었을 것 같지만, 네덜란드 라이덴의 국립고대박물관에 근무하는 고고학자로 북해에서 쓸려온 모래로

16 Flann O'Brien, *At Swim-Two-Birds* (New American Library, 1951, 1966), p. 17.

형성된 네덜란드의 특정 해변과 도거랜드에서 발굴한 인골의 콜라겐 속 화학물질을 연구하는 루크 암크로이츠는 이주가 점진적으로 이루어지지 않았을 것이라고 본다.[17] 펜이 커질수록 식물과 새와 물고기가 더 다양해졌다. 이런 풍요로운 곳을 두고 누가 자발적으로 떠나겠는가?

어떤 학자들은 기원전 6100년에 일어난 해저 산사태인 스토레가 슬라이드Storegga Slide가 범람의 속도를 초고속으로 높인 결정적인 재앙이었을지도 모른다고 생각했다.[18] 지금의 노르웨이에 해당하는 커다란 땅덩이가 물속에서 미끄러져 내리면서 해안에 해일이 일어나 도거랜드에 마지막으로 남아있던 중석기 해변 정착지를 덮쳐 주민들이 곧바로 목숨을 잃었을 가능성이 있다는 것이다. 이런 가설을 뒷받침하는 고고학적 증거가 아직 나오지 않았기 때문에 고고학자들은 다음과 같은 결론을 내린다.

> 궁극적으로 스토레가 해일은 보편적인 재앙도 아니었고, 도거 연안 최후의 범람도 아니었다. 해일은 해당 지역의 역학에 대단히 우발적인 충격을 줄 뿐이므로, 해일 이후의 해수면 상승은 일시적인 현상에 그쳤을 것이다. 군도까지는 아니어도 도거 연안의 상당한 지역이 스토레가 해

17 Luc Amkreutz, Andrew Curry의 "Europe's Lost Frontier," *Science* 367, no. 6477, p. 503에서 재인용.

18 J. Walker, V. Gaffney, M. Muru, A. Fraser, M. Bates, R. Bates, "A Great Wave: The Storegga Tsunami and the End of Doggerland?" *Antiquity* 94 (378), 1409~1425.

일 이후 한참 동안 살아남아 신석기시대까지 존재했을 가능성이…

수면이 상승하면서 원래 광대한 대륙의 문 앞에 자리 잡고 있던 영국 땅이 작은 섬으로 변신했으나, 그 거대한 대륙 풍경의 기억이 조금 남아서 영국이 나중에 제국건설을 위해 돌진하게 된 것이 아닌지 궁금하다.

기원전 2000년 무렵에는 북해가 우위를 점하고 있었다. 물기에 흠뻑 젖은 이 세계에서 토탄 보그가 숲을 집어삼키기 시작했다. 잔가지와 줄기, 봉오리와 뿌리가 모두 보그에 에워싸였다. 수백 년 뒤 토탄층을 잘라 보니 오래전에 파묻힌 가지와 줄기가 차가운 산성 토탄 속에 보존된 형태로 발굴되었다. 멀고 먼 과거에 토탄 속에 파묻혔다 발굴된 나무들이 특히 귀하게 취급되었다.[19] 이 나무를 말리면 장작으로 사용할 수도 있고 다듬을 수도 있었다. 지금도 이런 나무는 짙은 검은색과 단단함 때문에 귀하게 취급된다. 가치가 높고 희귀한 흑단과 맞먹을 정도다.

1930년대에 북해의 어부들은 잘 보존된 나뭇조각뿐만 아니라 뼛조각, 돌조각, 조개껍질, 오래돼서 단단하게 굳은 토탄 조각 등이 그물 속에 물고기와 섞여있는 것을 보고 짜증을 냈

19 www.theguardian.com/artanddesign/gallery/2019/aug/19/string-theory-make-acoustic-guitar-in-pictures. 영국의 현악기 제작자 Rosie Heydenrych는 이렇게 말한다. "나는… 고대 펜랜드의 검은 떡갈나무를 자주 사용한다. 수령이 5000년인 떡갈나무로, 보그의 탄소 때문에 자연스럽게 어두운 색으로 물들었다."

다. 그들은 단단한 토탄조각을 '무어로그moorlog'[21]라고 불렀다. 그들 중 관찰력이 뛰어난 사람들은 북해 아래에 한때 사람이 살던 땅이 있음을 점차 이해하게 되었다. 그들이 이 풍요로운 어장을 '노아의 숲'이라고 부른 것은 그 땅이 성경에 나오는 그 홍수로 인해 물에 잠겼다고 추측했기 때문이었다. 나무로 만들어진 유물들이 물속에서 잘 보존된 것[21]에 감탄한 고고학자들이 그물에 딸려온 그 잡동사니들을 살펴보기 시작했다. 그러다 멸종한 동물의 뼈를 발견하고는 정신을 바짝 차렸다. 1931년 영국의 트롤 어선 콜린다 호는 브라운뱅크에서 조업하던 중 그물 안에서 평소처럼 바닥에서 끌려 올라온 무어로그, 나뭇가지, 뼛조각을 발견했다.

> 반갑지 않은 그 잡동사니들을 평소에는 별다른 생각 없이 모두 뱃전 너머로 던져버렸지만, 그때는 달랐다. 커다란 토탄조각 하나에 삽이 부딪히며 이상한 소리가 났다. 스키퍼 필그림 E. 록우드 선장은 그 조각을 조사해 보기로 하고 갈라서 열었다. 그러자 선사시대의 사슴뿔로 만든 '작살'이 툭 떨어졌다.[22]

---

20 'moorlog'는 먼 옛날 유럽 북서부 프리슬란트의 어부들이 바닥에서 끌어올린 토탄 덩어리를 부르던 말이다. 네덜란드의 존경받는 작가 W. F. Hermans가 *The Darkroom of Damocles*, 1958, 영역본 2007에서 등장인물 중 늙어가는 학생의 이름을 '무어라그(Moorlag)'로 지은 것이 흥미롭다.

21 1565년 래브라도의 레드베이에서 가라앉은 스페인 배 산후안 호의 물건들도 놀라울 정도로 잘 보존되어 있었다.

22 Vincent Gaffney, Simon Fitch, David Smith, ***Europe's Lost World: The Rediscovery of Doggerland***, Research Report No. 160 (Council for British Archaeology, 2009), p. 14.

뾰족하게 다듬은 비슷한 뼛조각이나 아마도 물고기를 잡는 데 쓰였을 창촉은 덴마크와 영국에서 발견되었다. 돌을 다루던 구석기시대와 밭을 가꾸던 신석기시대 사이에 사냥과 채집을 하며 살았으나 아직은 그림자처럼 어렴풋한 중석기시대 사람들의 물건으로 알려져 있었다. 나중에 요크셔 북부의 스타카에서 중석기시대 수렵-채집 집단의 희귀한 유적이 발굴되었을 때에도 사슴뿔로 만든 비슷한 촉뿐만 아니라 으스스한 빨간색 사슴뿔로 만든 '이마장식'도 발견되었다.[23] 뿔이 붙어있는 사슴 두개골을 그대로 사용해서, 뒤통수에 '눈구멍'을 뚫어놓은 물건이었다. 고고학자 그레이엄 클라크 경은 중석기시대로부터 수천 년이 지난 1949~1951년에 덴마크 이민자들이 살던 지역에서 스타카 유적을 발굴하며 명성을 얻었다. 스타카Star Carr라는 이름은 덴마크어로 '사초 펜'을 뜻하는 star kjœr에서 유래한 것이다. 고고학적으로 스타카는 라스코와 맞먹을 만큼 중요한 곳으로 평가되었다. 클라크는 스타카 유물에 방사성탄소연대측정법이라는 새로운 기법을 활용한 연구로 노벨 화학상을 받았으며, 중석기시대를 어느 정도 규정할 수 있었다. 수십 년 뒤 새로운 고고학 조사 결과 스타카 유적이 한층 더 넓어져, 지금은 사라진 플릭스턴 호수 주변에서 훨씬 더 풍부한 유물이 묻혀있는 다른 펜 유적들이 발견되었다. 스타

---

23 Nicky Milner, Barry Taylor, Chantal Conneller, Tim Schadia-Hall, *Star Carr: Life in Britain After the Ice Age*, Council for British Archaeology, 2013.

카에 사람들이 살았던 시기는 기원전 9000년경인데, 거기서 발굴된 유물의 연대는 기원전 8000~6000년이었다. 콜린다 호가 잡아 올린 사슴뿔 '작살'은 방사성탄소로 측정한 결과 기원전 11740년 전후로 약 수백 년 사이에 사용된 물건이었다.

이 연대는 고고학계의 뉴스였다. 도거랜드에 살았던 미지의 주민들이 중석기인이었는지 모른다는 가설을 세울 수 있기 때문이었다. 중석기인은 잘 알려지지도 않고, 연구된 것도 없고, 좋아하는 사람도 별로 없었다. 물에 잠긴 육지가 이 중석기인들의 고향이었을 가능성이 있다는 깨달음은 엄청난 흥분과 좌절을 동시에 안겨주었다. 북해 아래에 잠긴 거주지에 접근할 방법이 없기 때문이었다. 학자들은 무엇이든 어부들이 건져올리는 물건으로 만족할 수밖에 없었으나, 2001년 버밍엄 대학교에서 중석기시대를 주제로 열린 세미나에서 누군가가 유전회사들이 바다 속 깊은 곳에서 새로운 유전을 찾으려고 탐사하는 과정에서 쌓인 지진 데이터를 이용해 도거랜드를 뒤덮은 얕은 물속을 꿰뚫어볼 수 있을지도 모른다는 의견을 내놓았다. 심해 유전탐사 데이터를 통해 수면 근처에 무엇이 있는지 밝혀낼 가능성은 아직 미지의 영역이었으나, 첫 시도는 성공적이었다. 지진 데이터와 고고학자들이 오랫동안 작성한 광범위한 해저지도를 결합시키자 놀라운 결과가 나왔다. 페트롤륨 가스 서비시즈의 지구과학자 휴 에드워즈는 그때의 충격을 다음과 같이 묘사했다.[25]

…우리는 컴퓨터 작업대 한 곳에 옹기종기 모여, 유전을 탐사하는 사람들처럼 지진 데이터를 깊숙이 들여다보지 않고 대신 수심이 얕은 곳에 최신 석유탐사기술을 적용했다. 놀랍게도 오랫동안 망각에 묻혀있던 도거랜드의 지표면이 수천 년 만에 처음으로 모습을 드러내기 시작했다. 과학 연구에서 이보다 더 짜릿한 순간은 없다. 우리는 해양고고학의 새로운 시대가 시작되는 순간을 목격하고 있음을 깨달았다.

그 이후로 과학자들은 바다 속에 잠긴 도거랜드의 많은 특징을 지도로 작성했다. 여기에는 옛 해안선, 모래톱, 나지막한 산, 고대의 강 등이 포함된다. 해양 지구물리학과 고고학을 이렇게 융합하고 보니, 해저탐사가 한층 더 중요해졌다. 흙보다 차가운 물 속에서 유물이 훨씬 더 잘 보존되기 때문이다. 볼 수 없는 땅의 놀라운 지도가 모습을 드러내자 상상력에 불이 붙었다. 저 아래에서 무엇이 발견되기를 기다리고 있을까? 북해는 배들이 분주히 다니는 곳이므로 수중 다이빙을 이용한 탐사는 불가능했다. 2019년 5월 연구선 벨지카 호에서 코어 샘플을 채취하기 위해 기계로 진흙을 훑던 학자들은 브라운뱅크 근처에서 거주지의 흔적일 가능성이 있는 여러 물건과 물에 잠긴 숲을 발견했다. 나중에는 석기도 발견되었다. 그뿐만 아니라 완전한 육지 퇴적층이 완전한 해양 환경으로 바뀌

24 Vincent Gaffney와 Simon Fitch, *Mapping Doggerland: The Mesolithic Landscapes of the Southern North Sea* (English Heritage, 2007), p. vii의 서문.

는 과정을 보여주는 놀라운 코어 샘플도 하나 있었다. 단 하나의 샘플에 이런 변화가 나타난 적은 그때가 처음으로, 해수면이 급속히 상승했음을 알려주었다.[25] 중석기시대 사람들은 인류세의 우리들과 마찬가지로 엄청난 양의 빙하가 녹는 바람에 발생한 해수면 상승과 씨름해야 했다.

현대 서구의 경제사는 곧 인류가 다른 모든 생물을 끊임없이 지배한 이야기이자, 부를 가져오는 천연자원을 쉽게 손에 넣으려고 자연풍경을 항상 바꿔놓은 이야기다. 자연을 순전히 착취의 대상으로만 보는 태도, 협조적이고 감사하는 마음이나 자연을 달래기 위한 희생이 없는 태도는 서구 문화에 깊이 배어있다. 1898년 웨스트 텍사스 목축업자 회합에서 채택된 '결의안'이 이 점을 잘 보여준다.

> 우리 중 누구도 토착식물이든 아니든 풀에 대해서는 아는 것이 없고 알고 싶은 마음도 없음을 결의한다. 현재 풀이 아주 많아서 기록상 최고의 상태라는 사실을 알 뿐이다. 번영을 계속 이어나가기 위해서라면, 우리는 풀을 최대한 이용하는 데 힘을 기울일 것이다.[26]

---

25 Fiona Gruber, "Mammoths and Stone-Age Humans Once Roamed Doggerland, the Lost Land Submerged by the North Sea," www.abc.net.au/news/science/2019-11-20/.

26 Paul Shepard, "Nature and Madness," in *Ecopsychology* (Sierra Club Books, 1995), p. 22, Hervey Cleckley의 *The Masks of Sanity* (St. Louis, Mosby, 1976), n.p.를 인용한 부분.

영국은 산업혁명의 최전선에서 활동했지만, 아직 시골의 모습을 유지하고 있던 세상에 그 혁명이 덧씌워지고 말았다. 시골 세상에서 그때까지 차곡차곡 쌓인, 자연에 대한 강렬한 사랑을 표현한 언어와 풍요로운 문학작품 중에는 길버트 화이트 주교의 《자연의 역사와 셀본의 고대》, 윌리엄 코빗의 《시골 여행》, 찰스 킹슬리 신부의 《물의 아이들》, W. H. 허드슨의 《라플라타의 박물학자》, J. A. 베이커의 《송골매》 같은 고전들이 포함된다. 이보다 뒤에 나온 로버트 맥팔레인, 팀 디, 제임스 리뱅크스의 책들도 있다.

지금의 영국인들 중에 "질척질척한 펜에서 발에 깃털을 단 듯 빨리"[27] 움직이는 사람은 거의 없다. 과거 펜의 총면적은 약 4만145제곱킬로미터(우리나라 경기도의 약 3.9배 면적—옮긴이)였으나, 수백 년 동안 진행된 인클로저(공동이용이 인정되었던 토지에 근세 초기의 유럽, 특히 영국에서 울타리나 담을 둘러쳐서 사유지임을 분명히 하던 일—옮긴이)와 가차 없는 배수사업, 그리고 꾸준한 산업화와 도시화로 인해 시골의 자연과 연결이 끊어졌다. 지금 남아있는 펜은 원래 면적의 1퍼센트도 채 되지 않는다.[28] 〈가디언 위클리〉에 '시골 일기' 에세이가 게재되었는

---

27 William Boot의 표현. 나중에 Evelyn Waugh가 비아냥거린 표현이기도 하다. 자연을 소재로 한 영국 작가들의 글이 가장 많이 수록된 목록을 보려면, Robert Macfarlane의 2005년 에세이 "Where the Wild Things Were" 참조.

28 *Brittanica*, www.lincsfenlands.org.uk/admin/resources/fens-for-the-future-leaflet.pdf.

데도 야외에 대한 일반적인 언급이 드물어졌다. 지금은 모두 이국적인 정서, 사라진 비밀, 미스터리가 버무려진 자연 프로그램을 텔레비전으로 본다. 아름다운 풍경에 대한 믿음이 개인 정원과 잔디밭에 남아있기는 하다. 1895년에 설립된 유명한 단체로 역사적인 장소와 환경유산을 보존하기 위해 노력하는 내셔널트러스트가 보유한 과거의 개인 저택과 땅을 이용한 시대극 드라마에서도 그런 이미지를 볼 수 있다.

그렇다면 1년에 두 번씩 자연파괴 현황을 보고하는 세계자연기금WWF이 왜 고통스러운 현실을 담은 2018년의 〈살아있는 행성〉 보고서에서 영국이 세계에서 가장 자연이 결핍된 나라 중 하나라고 썼을까? (사라진 펜이 포함된 결과임이 분명하다. 내셔널트러스트가 활동 초기 위큰 펜을 구입해 보존하기는 했지만, 한때 광대했던 펜의 영역에 비하면 지극히 작은 일부일 뿐이다.) 이 보고서는 기계화된 집약농업과 지력이 쇠퇴한 농경지를 지목했으며, 매년 자동차에 치여 목숨을 잃는 오소리가 1만 마리에 이르고 오래된 산울타리[29]가 개발을 위해 뜯겨나가고 있음을

---

29 James Rebanks, *Pastoral Song: A Farmer's Journey* (Custom House 2020). Robert Macfarlane, *Landmarks* (Hamish Hamilton, 2015). 4천 년이나 되었다고 알려진 콘월의 널찍하고 역사적인 산울타리도 사라졌다. 산울타리는 돌, 흙, 덤불, 나무, 식생, 새, 작은 동물이 서로 얽혀있는 곳으로, 해당 지역에 아직 남아있는 야생의 모습을 대표하는 아름다운 곳이다. Rebanks는 택지 개발업자들이 불도저를 동원해 엄청난 속도로 밀어버린 곳에 방치된 산울타리를 복원하는 작업을 중요하게 생각한다. 나는 화면에 몇 번 언뜻 스쳐가는 이런 산울타리를 보려고 콘월을 배경으로 한 텔레비전 드라마 ***Poldark***를 몇 시간 동안 보았다. 그러나 산울타리 보존 단체들이 갈대처럼 생겨났다. 2008년 오랜 역사를 지닌 비밀스러운 단체인 콘월 산울타리 길드는 지식을 자기들만의 비밀로 지키는 것 때문에 비난을 받았는지 산울타리 건설과 수리에 관한 첫 번째 안내서를 제작해 그들의 기술이 완전히 사라지지 않게 했다.

지적했다.[30]

농부 겸 저술가인 제임스 리뱅크스를 포함한 많은 사람이 이 보고서를 보고 깜짝 놀랐다. 리뱅크스는 생태계에 이로운 방식으로 과거의 가족농경을 바꿔보려고 노력 중이었다. 보고서가 나오기 3년 전 로버트 맥팔레인이 펴낸 《랜드마크》는 땅과 물의 자연을 지칭하는 영어 어휘들을 되살렸으며, 국제적인 베스트셀러가 되었다. 《랜드마크》에서 가장 중요한 자리를 차지한 것은 과거 영국인들이 시골 생활과 땅을 묘사하는 데 사용하던 단어들이다. 펜 관련 단어들이 책 여기저기에 흩어져 있을 뿐만 아니라, 이스트 앵글리아와 펜랜드에서 쓰이던 단어들도 있다. 'roke'는 솟아오르는 저녁 안개를 가리키는 말이고, 'skradge'는 옛 둑 위에 흙으로 쌓은 둑을 뜻하며, 'fizmer'는 가벼운 바람에 풀이 움직이는 소리를 뜻한다. 또한 'didder'는 사람이 보그에 발을 디뎠을 때 보그가 가늘게 떨리는 모양, 'poise-staff'는 수로를 건너뛸 때 사용하는 기둥을 각각 뜻한다. J. R. 레이븐스데일은 1974년에 발표한 《홍수가 일어나기 쉬운 곳》[31]에서 'black waters'(범람해서 정지해 있는 물.

---

30 www.theguardian.com/books/2005/jul/30/featuresreviews.guardianreview22.

31 J. R. Ravensdale, *Liable to Floods, Village Landscape on the Edge of the Fens AD 450~1850* (Cambridge University Press, 1974), pp. 196~198. 영국인들이 2년에 한 번씩 나오는 WWF 목록과 *Landmarks*를 보고 커다란 슬픔과 상실감을 겪었는지 궁금하다. 가지를 치고, 뱀장어를 잡고, 갈대와 풀을 베서 초가지붕을 만들고, 알락해오라기가 낮은 소리로 울어대는 소리가 들리던, 그 되돌릴 수 없는 시대에 대한 그리움이 브렉시트 투표에 영향을 미쳤는지 모르겠다.

반면 흘러가는 강물은 'white waters'라고 한다), 'stulp'(경계선 표지. 경계선을 표시한다는 뜻의 동사로도 쓰인다), 'roddon'(사라진 강의 바닥이 이상하게 솟아있는 것. 과거의 퇴적물이 쌓인 탓에 강바닥이 솟아오른 것인데, 물이 빠져 쪼그라든 인근의 토탄지대가 음산하게 변한 이 과거의 물길과 날카로운 대조를 이루었다)이라는 단어를 새로 가르쳐 주었다.[32]

자연 속의 장소들이 사라져 그들을 가리키는 단어 또한 쓰이지 않게 되는 현상은 지난 100년 동안 기하급수적으로 늘어났다. 의심의 여지가 없는 일이다. 영국뿐만 아니라 대부분의 나라에 공통된 현상이기도 하다. 모든 장소에는 그 나름의 이야기가 있는데, 지난 300년 동안 영국의 펜에서는 꾸준히 숙명적으로 물이 빠졌다. 오래전부터 존재하던 자연의 핵심적인 부분이 차츰차츰 고의적인 조작으로 사라지면서 펜과 관련된 언어와 지식 또한 야금야금 사라졌음을 보여주는 사례다.

펜은 어떤 곳이었나?

구석기시대부터 중석기시대, 신석기시대, 청동기시대, 철기시대, 색슨 시대, 로마제국 시대, 중

32 *Dictionary of Newfoundland English*에는 곧 사라질 위기에 처한 이런 종류의 단어들이 더 많이 실려있다. fish chop(대구가 꼬리로 수면을 탁탁 치는 것), chuckley(북아메리카산 산벚나무의 일종), horn(낙지의 촉수), green lick(방금 베어서 수액이 흐르는 가문비나무) 같은 특수한 단어들이다.

세시대까지 수천 년 동안 사람들은 매년 물이 범람하는 펜에서 살았다. 홍수가 영원히 계속되는 것도 아니고, 사람들의 공유지인 땅의 풍요로움은 저항할 수 없는 매력을 지니고 있었다.[33] 스타카 발굴결과는 이곳에 수없이 자라는 갈대의 뿌리줄기에 전분이 있어서 이 식물이 펜 주민들의 안정적인 식량 공급원이었을 가능성이 있음을 보여주었다. 뜻밖의 천재지변이 일어나거나 사냥, 고기잡이, 새 사냥이 실패했을 때 의지할 수 있는 귀한 구황작물이었을 것이다. 개울, 강, 만에서는 연어, 넙치, 송어, 장어, 칭어, 철갑상어 등 많은 물고기가 헤엄쳤다. 굶주리는 사람은 없었을 것이다. 그러나 학질이나 말라리아 같은 질병은 그 땅에서 피할 수 없는 위험이었다. 전성기에 펜은 "그 어떤 자연환경도 능가하기 힘든 부의 원천"이었다.

지난 40년 동안 습지를 연구하는 고고학자들은 과거 영국 습지에 살던 사람들에 대해 많은 것을 밝혀냈다. 물이 나무, 돌, 금속을 보존해 주었기 때문이다. 토탄 보그는 피부와 가죽을 보존해 주었다. 나이테연대측정법을 이용하면 놀라울 정도로 정확한 연대를 파악할 수 있다.

로마시대에 영국에 들어온 로마인들은 비교적 건조한 시기에 펜 몇 군데에 정착했다. 그들은 펜과 영국 중심부를 연결하는 길인 펜 코즈웨이(신석기시대에 만들어진 플래그 펜 길과 교차

---

33 David Hall과 John Coles, *Fenland Survey*, English Heritage Archaeological Report I, 1994, p. 2.

하며 지나갔다)를 만들고, 펜에 지나치게 많은 물을 강으로 빼내는 작업도 했다. 강은 펜을 통과해 바다로 흘러갔다. 그러나 로마인들이 나타나기 한참 전 신석기시대에 이미 펜에 살던 사람들이 펜 지역에 복잡하게 얽힌 길을 만들어 놓았다. 판자, 잔가지, 막대 등 다양한 재료로 만든 길이었다. 지금까지 알려진 영국의 길 중 가장 오래된 것은 1970년에 발견되었는데, 기원전 3807~6년에 만들어진 신비로운 스위트 트랙웨이가 그것이다.[34]

> 성숙한 1차, 2차 삼림과 일부러 관리해서 키운 삼림에서 나온 목재로 그 길을 건설했다. 1차 삼림에서 대부분의 떡갈나무 판자가 나왔고 2차 삼림과 관리 삼림에서는 물푸레나무, 개암나무, 떡갈나무 막대기가 나왔다… 스위트 트랙의 출발점이 어디인지, 종착점이 어디인지는 알지 못한다. 그 길 덕분에 사회적, 정치적, 경제적, 종교적으로 어떤 성과가 있었는지도 불분명하다.

이스트 앵글리아의 플래그 펜 길의 연대는 기원전 1365년부터 기원전 907년까지 청동기시대에 걸쳐있다. 고고학자 프랜시스 프라이어(BBC에서 오랫동안 방영된 시리즈 〈타임 팀〉의 팬들에게 익숙한 사람이다)가 이 길을 1982년에 처음으로 발견

---

34 Robert Van de Noort와 Aidan O'Sullivan, *Rethinking Wetland Archaeology* (Gerald Duckworth & Co. 2006), 15.

했다. 이 중요한 길은 6만 개의 널빤지와 막대기로 만들어졌으며, 이 길을 따라 한동안 가다 보면 어떤 섬과 연결된다. 이 길을 이용하던 사람들은 인근의 물속에 엄청난 양의 물건들을 쌓아두었다. 플래그 펜 길에는 'liminal('입구의,' '초기의'라는 뜻—옮긴이)'이라는 형용사가 어울린다. 문턱 또는 입구를 뜻하는 라틴어 *limen*에서 유래한 단어다. 프라이어는 이런 길을 연구하면서 통과의례에 사용된 공간, 특히 삶에서 죽음으로 문턱/경계선을 건너가는 곳이라는 뜻으로 'liminal'을 사용했다. 물속에 물건들(부러진 칼, 단검, 핀, 창촉, 귀걸이, 광을 낸 흰 돌, 단지, 말의 턱뼈)을 놓아둔 것은 봉헌의 의미였다.

펜, 보그, 스웜프에 난 길은 여러 목적으로 사용되었을 가능성이 높다. 특정한 약초가 자라는 곳, 물고기나 오리가 모이는 곳 등으로 가기 위해서, 소철광에 접근하기 위해서, 다른 길로 건너가 다른 정착지로 가기 위해서. 이렇게 길을 만들다 보니, 길을 짓고 보수하는 사람들에게 틀림없이 힘이 생겼을 것이다. 닿을 수 없는 곳에 가고, 알 수 없는 것을 아는 사람들이었으니까.

신석기시대부터 14~15세기까지 북해의 수위는 비교적 낮은 편이었다.[35] 3천900제곱킬로미터를 차지한 펜 지역에 간혹 나타나는 높고 건조하고 넓은 땅에는 약 50개의 작은 정착지와

---

35 Ash, *The Draining of the Fens*, p. 20. BBC의 *Time Team*은 고고학을 다룬 회에서 바다의 수위 변화로 위협받는 중석기 유적 발굴을 상세히 보여준다.

가축농장이 있었다. 사람들은 평평한 토탄 판[36]을 쌓아올려 둥글게 지은 집의 벽을 만들었다. 그들은 광물을 함유한 물이 범람해서 만들어진 풍요로운 땅과 물이 많은 황무지와 불모지의 차이를 알고 있었다. 펜의 주민들은 마른땅에 집을 짓고 살면서, 주위의 강, 호수, 운하에서 식량과 건축자재를 구했다. 개울, 강, 개펄, 갈대밭, 집을 지을 수 있는 높은 땅에 대해서는 손바닥처럼 자세히 알고 있었다. 계절에 따라 물기가 빠지는 목초지에서 소규모로 가축을 기르고, 장어와 물고기를 잡고, 들새의 알을 가져왔다. 들소와 고라니를 사냥하다가 나중에는 야생동물을 길들여 가축을 늘렸다. 난방은 토탄을 태운 불로 해결했다. 이때를 그리워하는 수많은 아일랜드 문학작품의 페이지에 그 연기 냄새가 배어있는 듯하다. 펜랜드는 놀라울 정도로 유동적인 거주지였다. 물과 육지의 비율이 계절마다, 해마다 바뀌었기 때문에 주민들은 창의력과 시행착오를 각오한 실험정신을 길렀다. 그런데 이 모든 것이 변했다.

15세기부터 펜의 역사는 소자작농, 시골의 서민, 펜 주민 등이 전통적으로 공유하던 땅에서 매년 조금씩 사라져 간 역사다. 심지어는 강제로 쫓겨난 사람들도 있었다. 이 땅의 새 '소유주들'[37]은 장어와 갈대 묶음이 아니라 칙서와 공적으로, 마른

36 뉴멕시코 사람들도 이와 비슷하게 처음에는 terrones(리오그란데 인근의 사초 초원에서 캔 토탄 판)를 사용하다가 나중에는 손으로 모양을 빚어서 말린 어도비 벽돌을 사용했다.

37 땅이 없는 시골 사람들은 어디로 갔을까? 도시로 가서 도시 프롤레타리아의 일부가 되거나 아니면 캐나다, 오스트레일리아, 미국, 뉴질랜드로 갔다.

땅에서 나는 밀과 가축으로, 점점 기계화되는 대규모 농업으로 부를 일굴 수 있다는 사실을 아주 잘 알고 있었다. 다목적으로 사용되던 전통적인 땅이 사라지자 펜 주민들의 자연스러운 삶이 손상되었다. 1872년에 발표된 인구통계조사 보고서 〈지주의 귀환〉에 따르면, 인구의 1퍼센트도 채 되지 않는 사람들이 영국 땅의 98퍼센트 이상을 소유하고 있었다. 한때 최고의 펜랜드였던 이스트 앵글리아의 링컨셔에서는 21세기인 현재 곡식만을 키우는 농업이 시행되고 있어서,[38] 미국과 캐나다 중서부의 거대한 농경지대와 아주 흡사한 모습이다.

우리는 과거의 소리에 대해 별로 생각하지 않지만, 빅토리아 시대의 저술가 찰스 킹슬리는 휘틀지 펜의 소리를 자주 생생하게 묘사했다.[39]

> …검녹색 오리나무, 연두색 갈대가 넓은 개펄 주위로 몇 마일이나 펼쳐져 있었다. 큰물닭이 챙챙, 알락해오라기가 붐붐. 제가 부르는 달콤한 노래가 마뜩잖은 세지 새는 주위에 있는 모든 새들의 소리를 흉내 냈다. 공중에 높이 떠서 꼼짝도 하지 않는 것은 매를 넘어선 매, 말똥가리를 넘어선 말똥가리, 솔개를 넘어선 솔개. 시야가 닿는 그 끝까지. 저

---

38 *Guardian*, 2019년 1월 31일자.

39 Idylls, "The Fens," pp. 363~364, in Miller와 Skertchly, *The Fenland Past and Present*에서 재인용. Aldo Leopold가 에세이 "Marshland Elegy"에서 마시에 동이 트는 모습을 묘사할 때 이 구절에서 영향을 받았을 가능성이 있다. *A Sand County Almanac*, 1949, 1972, p. 95.

멀리 은색 연못 위에서 연기 한 줄기가 올라왔다. 납작하고 하얘서 보이지 않는 너벅선에서 솟아오른 연기다. 그때 배에서 탕 하고 울린 총소리가 바람에 실려왔다. 그 뒤에 또 한 번, 점점 가까워지면서 소리가 커졌다. 마치 케임브리지의 모든 종이 울어대는 것 같은 소리. 코츠모어의 모든 사냥개가 짖어대는 것 같은 소리. 공중에서는 겁에 질린 들새 떼가 소용돌이처럼 급하게 움직이며 꽥꽥, 짹짹, 구구, 깍깍. 거친 날갯짓 소리가 하늘을 채우는데, 이 모든 소리 위로 선명하게 들려오는 것은 마도요의 사나운 휘파람소리와 커다란 야생 백조가 나팔처럼 울어대는 소리.

지금은 모두 사라졌다.

이스트 앵글리아 민물 토탄지대 위로 높이 솟은 고지대에는 백악과 석회암 땅에 사람들의 마을과 도시가 있었다. 그들은 비탈 아래의 펜을 광대하게 펼쳐진 갈대밭과 풀밭으로 생각했다. 보기 싫고 허약한 모습으로 죽마에 의지해 비틀비틀 돌아다니거나 직접 만든 배를 삿대로 몰고 다니는 빈민들이 그곳에 가득하다고 생각했다. 장어가 살기에 딱 맞고 낮에 총으로 새를 사냥하기에도 좋지만, 그것만 제외하면 그냥 물기가 많은 황무지라고 생각했다.

현실은 달랐다. 펜은 단단한 땅과 계절에 따라 물이 들어오는 갈대밭이 다양하게 섞인 곳이었다. 철갑상어가 살 만큼 수심이 깊지만, 또한 장어 덫을 설치할 수 있을 만큼 수심이 얕기도 했다. 고도가 높은 섬의 주민들은 집을 짓고 밭을 가꿨다. 아주 옛날에 만들어진 핑고[40](영구동토에서 얼음 위에 흙이 덮여 둥근 형태로 형성된 언덕—옮긴이)도 있었다. 빙하기에 영구동토나 얼음처럼 차가운 물의 작용으로 둥글고 높은 둑 모양으로 형성된 지형인데 나중에 녹아서 잔잔한 호수가 되었다. 브렉랜드 소택지는 연못이 연달아 늘어선 곳이었다. 백악질 땅이 움푹 꺼져서 형성된 이 연못들은 지하 깊숙한 곳에서 계속 변화하는 지하수면과 연결되어 있기 때문에 지금도 수위가 독특하게 요동친다. 펜의 주민들은 일찍부터 펜의 점토를 채취해 도자기도 만들고, 초벽wattle and daub(욋가지로 격자 모양 틀을 짠 뒤 흙, 점토, 모래, 배설물, 짚 등을 섞은 끈적거리는 재료를 발라 건물을 짓는 방식—옮긴이) 주택과 댐도 지었다. 주민들이 생각하기에는 펜 지대의 삶이 십중팔구 돼지의 콧수염 같았을 것이다. 침입자들이 '향상', '개선' 같은 진부한 말을 들고 나타났을 때 주민들은 변화에 반대했으나 상대가 되지 않았다. 펜에 대해 개발자들보다 훨씬 더 잘 알고 있었는데도 주민들은 여러 세대에 걸쳐 차츰차츰 싸움에 패배했다.

시대를 막론하고 펜의 주민들은 잔잔한 물, 무한한 구름이 낀 것 같은 분위기를 잘 알았다. 그들은 물에 비친 그림자와

---

40 '핑고'는 북극 이누비알룩툰어(캐나다에서 사용되는 이누이트어의 일종—옮긴이)로 작은 언덕을 뜻한다. 평평한 지형에서 작은 언덕은 사냥에 바람직한 곳이다.

움직이는 갈대 그림자 속에 살면서 비의 장막 속에서 삿대를 젓고, 여러 층으로 이루어진 수평선을 응시했다. 폭풍으로 땅 가장자리를 연타하는 구불구불한 파도를 응시했다. 나는 당시 펜의 모습이 궁금해서 펜과 비슷하게 물과 하늘과 흔들리는 수평선이 있는 환경에서 살던 네덜란드 화가들의 작품을 살펴보았다.[41] 이렇게 지역적인 특성을 지닌 그 화가들은 회색의 섬세한 차이, 눈에 띄는 특징, 시야에서 스르르 사라졌다가 축축한 공기 속에서 솟아오르는 덧없는 수면에 대한 예리한 안목을 갖게 되었다. 펜과 네덜란드 간척지의 아름다움은 때로 '달빛의 숨결'만큼 덧없다.[42] 그러나 펜에는 색채도 있다. 볼프강 바르텔스의 사진들은 현대 토탄지대를 시각적으로 여행할 수 있게 해준다. 그의 전문분야는 Moorlandschaften, 즉 독일 북부의 보그와 펜이다. 화면을 가득 채운 색채와 클로즈업으로 잡은 세세한 특징뿐만 아니라, 펜과 보그 특유의 덧없는 수평선과 원근법으로 잡은 풍경 속에 점점이 보이는 도랑과 수로, 통로, 방목장, 물매 턱. 여름에 무리 지어 자라던 스웜프의 풀은 겨울에 얼어붙은 호저 모양으로 변하고, 물에 잠긴 숲의 검은 팔들이 물속에서 불쑥 튀어나온다. 섬광처럼 타오르는

41 Laurent Félix-Faure, *Land of Skies and Water, Holland Seen Through the Eyes of Its Painters* (Lemiscaat, Rotterdam, 1996). 이 아름다운 책은 이스트 앵글리아의 펜랜드와 비슷한 네덜란드의 풍경이 어떻게 국민들의 의식 속으로 흡수되었는지 보여준다.

42 Miyazawa Kenji, "Fifth Day, Night," *A Future of Ice* (North Point Press, 1989), p. 16.

레드윌로, 검고 축축한 수중세계의 느낌.

펜의 주민들은 사치품과 유행하는 사교적인 놀이라는 면에서는 고지대 사람들보다 가난했다. 학질과 굶주림과 말라리아[43]는 확실히 경험한 적이 있었다. 그래도 그들이 사는 곳은 세상에서 가장 풍요로운 환경이었다. 넓은 서식지에 비버, 물쥐, 많은 종류의 오리와 거위, 장어, 물수리, 개구리매, 연작류의 새, 1미터가 넘는 키로 개구리를 찾아 성큼성큼 걸어다니는 흔한 왜가리, 헤아릴 수 없이 많은 나비와 나방, 무지갯빛으로 반짝거리며 훨훨 날아다니는 수많은 잠자리와 무수한 식물(풀, 버드나무와 갈대, 습지 난초, 노랑꽃창포, 펜 바이올렛, 끈끈이주걱, 크랜베리), 펜과 함께 사라진 식물들.

선사시대부터 19세기까지 습지는 주민들의 밭이자 식품점, 정육점이자 어물전, 시장으로 이어진 대로였다. 시장에 가면 수명이 50년이나 되는 탁월한 초가지붕을 엮을 수 있는 갈대, 불을 켜는 데 쓰이는 골풀 등 펜의 생산품을 교환하거나 팔 수 있었다. 골풀이 워낙 많았기 때문에, 중세시대 펜 주민들의 집은 저녁에 따뜻하고 연기가 자욱한 가운데에서도 불이 환하게 켜져있었다. 여자들과 아이들이 키가 약 80센티미터 넘게 자라는 골풀을 모아 말린 다음, 껍질을 벗겨 심이 겉으로 드러나

---

43 말라리아가 어느 특정한 시기에 잉글랜드에 도달했는지, 아니면 Mary Dobson이 *Contours of death and disease in early modern England* (Cambridge University Press, 1997)에서 묘사한 것처럼 풍토병이었는지는 확실하지 않다.

게 했다. 그러나 강도가 중요한 곳에서는 껍질을 벗기지 않고 그대로 두었다. 골풀을 동물성 지방에 푹 적신 다음 다시 말리면, 특수한 촛대에 꽂아 태울 수 있었다. 19세기 영국의 조경 전문가 거트루드 지킬은 다음과 같이 설명했다.

> 한 번에 약 1인치 반씩 촛대 위로 잡아당긴다. 길이 15인치(약 38센티미터—옮긴이)의 골풀 양초는 약 30분 동안 탈 것이다. 자주 양초를 끌어올리는 일은 아이의 몫이었다. 손에 기름이 묻는 일이라서 바느질을 해야 하는 어머니의 손가락에는 맞지 않았다. "불 좀 키워라" 또는 "골풀 좀 키워라"가 아이에게 양초를 끌어올리라는 신호였다.[44]

펜의 주민들은 습지를 관리하는 법, 강이 범람하거나 해수면이 상승하거나 폭우가 내린 뒤 천연 둑을 수리하고 보강하는 법을 알아내서 잘 지켰다. 수천 년 동안 그곳에 살면서 그들은 물 전문가가 되어 무너진 둑과 범람한 물을 관리하고, 매년 반복되는 날씨변화를 알아내고, 범람을 막거나 물을 가둬두기 위해 도랑과 수로를 만들었다.[45]

당시 사람들은 펜의 주민들이 엄격한 계급구분과 빈부격차

---

44 Godalmingmuseum.org.uk/index.php?page=tudor-rushlight.

45 북아메리카에서 이것과 가장 흡사한 사례는 뉴멕시코 마을들의 관개수로다. 수백 년의 역사를 지닌 이 수로 시스템은 사람들이 물을 유도해서 보살피며 함께 사용하는 형태였으나, 지금은 William deBuys의 시적인 작품인 *Rivers of Traps* (University of New Mexico Press, 1990)에만 영원히 보존되어 있다.

가 있는 도시보다 더 자유로운 사회에서 즐겁게 생활하는 것 같다고 추측했다. 풍요로운 목초지와 거기서 생산되는 우유, 고기, 가죽, 맛 좋은 장어와 물고기 군단, 들오리, 모피와 깃털, 토탄 연료 등이 있으니 펜에서는 가장 가난한 주민이라도 생계를 해결할 뿐만 아니라 남는 것을 개울과 강으로 연결된 내륙 사람들에게 판매할 수도 있었다. 그러나 펜의 주민들은 성자도 아니고, 흔히들 말하듯이 멍청한 게으름뱅이도 아니었다. 전통적으로 지켜오던 편안한 삶이 계속 이어지기를 바라는 사람들이었다. 그들은 외부인을 몹시 싫어했다. 외부인도 그들을 몹시 싫어했다.

펜의 주민들은 또한 많은 질병에 시달렸다. 가장 흔한 것은 류머티즘, '학질', '말라리아'였다. 뒤의 두 질병에 걸린 사람은 곧바로 목숨을 잃거나, 아니면 제대로 거동하지 못하고 비틀거렸다. 펜의 주민들은 병에 걸린 사람을 주위에서 구할 수 있는 약초로 직접 치료했다. 언제나 쓸모 있는 골풀은 물에 담가두면 수면제와 비슷한 성질을 띠었다. 요즘 학자들도 흥미를 갖고 있는 부분이다. 좀갯까치수염*Samolus valerandi*은 괴혈병과 상처 치료에 효과가 좋았고, 흔한 쐐기풀은 입과 목구멍 염증을 가라앉혔으며, 각시석남*Andromeda polifolia*은 혈압을 낮춰주었다(하지만 위험한 부작용이 있었다). 식물학자들은 휘틀지 소택지 일대에서 아흔네 종류의 펜 식물을 찾아냈는데, 지금은 그들 중 4분의 1이 멸종했다.

육지 주민들은 실제로도 비유적으로도 펜 주민들을 깔보면서, 무지하고 야만적이고 병에 걸린 인간으로 취급했다. 17세기 펜 배수사업의 권위자인 윌리엄 더그데일 경의 글로 짐작되는, 펜 주민들에 대한 다음과 같은 묘사가 있다. "광대하고 깊은 펜은 무례하다 못해 거의 야만적이며, 게으른 거지와 같은 사람들에게 아주 많은 은신처와 물고기와 새 외에는 별로 혜택을 주지 못한다."[46] 이런 상황에 가장 목소리를 높인 사람은 18세기의 역사가 겸 지형학자이며 한때 부유했던 에드워드 헤이스티드(1732~1812)였다. 그의 네 권짜리 저서 《켄트 카운티의 역사와 지형 조사》는 오늘날 희귀하고 진기한 책이다. 《영국 인명사전》에 헤이스티드는 "비열하게 생긴 자그마한 남자… 경솔하고 괴팍하다"고 묘사되었으며, "금전적으로 당혹스러운 일"에 휘말렸다. 이 사전에서 헤이스티드 항목을 저술한 사람은 그의 지형조사가 "사회사와 인물사 또는 문학사 측면에서 결함이 아주 많지만… 카운티의 재산과 주요 가문의 계보를 충실히 기록"했다면서 혹평과 찬사를 동시에 보냈다. 이 글에는 또한 이 카운티의 "건강에 나쁜 교구들"에 대한 생생한 묘사가 가득한데, 교구들의 목록은 메리 J. 돕슨의 권위 있는 저서 《근세 초 잉글랜드의 죽음과 질병 윤곽》에서 가져온

46 Skertchly, 앞의 책, p. 301. Sir William Dugdale(1605~1686)은 *The History of Imbanking and Drayning of Divers Fenns and Marshes, both in foreign parts and in this Kingdom, and of the Improvements thereby extracted from Records, manuscripts, and other authentick testimonies*, 2판, 1772의 저자였다.

것이다. 펜의 교구들에 대한 헤이스티드의 논평을 예로 들면 다음과 같다.

> … 몹시 쓸쓸하고 건강에 나쁜 곳… 학질에 많이 시달린다… 공기도 건강에 많이 나쁘고, 모든 교구에 전반적으로 나타나는 사망 원인인 간헐열에 대단히 취약하다… 더러운 물과 전체적으로 몸에 해로운 공기… 주민들의 곁을 떠나는 법이 거의 없는 학질… 극도로 몸에 나빠서 주민들의 외모에도 나타난다… 이 마을은 결코 건강에 좋을 수가 없다… 안개와 유독한 증기.[47]

틀림없이 세상에서 가장 유구한 일일 것이다. '쓸모없는' 땅을 결함 있고 열등하다고 평가되는 사람들에게서 빼앗는 것. 박물학자 엘렌 멜로이는 《마지막 사기꾼의 왈츠》에서 핵실험 장소로 선택된 다양한 지역에 대해 다음과 같이 논평했다. "전략적인 죽음의 땅", "그런 땅의 공통점은 쓸모없는 곳이라는 공감대와 주민들이 통계에 잘 잡히지 않아서 희생시키거나 이주시켜도 된다는 인식이다."[48]

중세 초기 펜의 땅을 차지한 수도원 다섯 곳은 부와 권력이 늘어났다. 분주한 수도원은 여행자들의 숙소 역할을 할 때가

---

47 Dobson, 앞의 책, pp. 287~292.

48 Ellen Meloy, *The Last Cheater's Waltz* (Henry Holt, 1999), p. 29.

많았는데, 많은 펜 주민들이 교단 밑에서 일하며 임대료를 지불했다. 장어로 임대료를 지불할 때가 가장 많았다. 왕도 펜에 땅을 갖고 있었다. 그중 하나인 햇필드 체이스는 당시 왕실 사냥터로 사용되는 숲이었다. 지역 단위의 소규모 배수사업이 수 세기 동안 점점 커져 십일조, 수수료, 임대료, 의무, 책임, 관례가 뒤얽힌 당혹스러운 행정 사무가 되었다. 중세부터 줄곧 북해의 수위가 점차 높아지면서 마른땅 중 가장 낮은 곳이 물에 잠기자, 펜의 주민들은 처음에는 겨울에 물이 넘친 목초지에서 물을 다른 곳으로 돌리는 방법을 찾았다. 둑과 수로, 범람하는 물길을 막는 방법에 대한 그들의 지식은 심오했으나 점점 상승하는 북해의 수위 때문에 배수관리가 갈수록 어려워져서 펜의 물을 빼서 드러난 곳을 자기 땅으로 삼으려는 사람들과 전문적인 사업자들과 펜의 물에 대해서는 모르지만 비옥한 땅의 가치에 대해서는 아주 잘 아는 외국인들이 들어올 수 있는 여지가 생기고 말았다.

흑사병 이후 인구가 증가하자 농지와 목초지를 늘리는 데 관심이 집중되었다. 헨리 8세가 펜의 땅을 소유한 다섯 수도원을 포함해서 수도원을 불법화하고 그들이 소유한 펜의 땅을 자신의 오랜 친구와 지지자에게 나눠주던 시기에 홍수도 늘어났다. 매년 펜의 땅을 관리해 주어야 한다는 사실을 전혀 모르는 사람들이 그 땅으로 들어오고, 1604년에는 수천 건에 이르는 의회 인클로저 법 중 첫 번째로 (펜의 땅을 포함한) 공유지를 개인 소유로 돌리는 법이 시행되었다. 17세기와 18세기 무렵에는 토지 '개선' 계획이 땅에 관한 논의를 지배했다.

스튜어트 왕가의 제임스 1세가 즉위한 1603년 이후 얼마쯤 시간이 흘렀을 때 동해안 펜 지대에 엄청난 홍수가 발생했다. 제임스 1세는 대규모 배수사업을 벌이겠다고 고결하게 맹세했다. (펜은 항상 '사업' 의욕을 불러일으켰다. 처음에는 배수사업이었고, 지금은 물을 다시 채우는 사업, 일명 '소택지화paludification' 사업이다.) 그는 그 시대의 가장 뛰어난 습지 기술자 중 한 명으로 유럽 저지대Low Countries(벨기에, 네덜란드, 룩셈부르크로 구성된 지역—옮긴이)의 배수사업을 경험한 네덜란드인 코르넬리우스 베르무이덴을 고용했다. 첫 번째 사업 대상은 햇필드 체이스가 포함된 북부 펜 지역으로 넓이가 5만9천 에이커(약 239제곱킬로미터로 서울의 40퍼센트 정도 되는 면적—옮긴이)였다. 몇 년이 흘렀으나 사업이 아직 시작되기도 전에 제임스는 운명의 장난인지 '습지열marsh fever(말라리아의 다른 이름—옮긴이)'로 세상을 떠났다. 그러나 그의 후계자인 찰스 1세가 사업을 계속 이어받아 1626년에 마침내 계약서에 서명이 완료되었다. 베르무이덴이 배수사업으로 생긴 땅의 3분의 1이라는 엄청난 대가를 받기로 약정된 계약서였다. 그는 플랑드르에서 일할 사람들을 데려왔다. 펜의 주민들은 자신들에게 일자리가 주어지지 않는 데서 그치지 않고 앞으로는 펜 공유권까지 잃어버리게 될 것을 깨닫고 폭동을 일으켜 플랑드르인들이 작업한 것을 몇 번이고 파괴하고 외국인들에게 돌을 던졌다. 결국 베르무이덴은 일을 끝내지 못한 채 그곳을 떠났다. 자신이 데려온 플랑드르인 일꾼들도 대부분 그대로 남겨둔 채였다. 손상된 펜을 손보기 위해 강(더치강)을 하나 새로 만들어야 했다. 1차 영국내전(1642~1651) 때 수로에 일부러 구멍을 내고 수문을 올려 대규모 홍수를 일으키는 바람에 앞 세대가 배수를 위해 해놓은 일이 모두 무위로 돌아갔다. 안타깝게도 베르무이덴은 유럽 저지대로 돌아간 것이 아니었다. 그는 남부 펜 지대의 케임브리지셔에서 그레이트 레벨의 배수사업을 위해 바삐 움직였다. 이번에도 또 폭동과 괴롭힘이 발생하고 노래가 만들어졌다. 그중에서 인기를 끈 노래는 〈포우트의 불만〉[49]과 〈모든 것이 마르면 우리는 죽어야 한다〉였다.

말라리아는 펜의 괴물이었다. 악취가 심하던 시절 육지에 살던 영국인들은 펜에서 최악의 악취가 발생한다고 생각했다. 스커츨리의 《펜랜드》에 실린 삽화들은 흥미롭고 아름답지만 황량한 세계를 보여준다. 하지만 그림인 만큼 펜과 함께 연상되던 무시무시한 악취는 여기서 볼 수 없다.

돕슨은 《근세 초 잉글랜드의 죽음과 질병 윤곽》 첫 머리에서 그 시대의 '후각 투어'에 난폭한 형용사들을 사용한다.

---

49 '포우트powte'는 바다칠성장어였다. Ian D. Rotherham, *The Lost Fens: England's Greatest Ecological Disaster* (History Press, 2013), p. 126.

'1천 가지 악취'를 풍기던 장소, 숨이 막힐 만큼 고약한 공기, 한곳에 고여서 진창이 된 물의 악취, 헛간의 썩은 내, 고약하고 더러운 연기를 내뿜는 도시, 인간과 동물의 살이 썩는 냄새, 구역질 나는 냄새를 풍기는 개울, 골목에서 썩어가는 것들, 부글거리는 오물의 악취가 풍기는 구석진 곳이 우리 앞에 있다. 고약한 입 냄새, 입에서 튀어나온 더러운 침과 검은 토사물에 대한 묘사, 징그럽고 독한 해충들이 씻지 않은 몸에서 기어다니는 광경, 길모퉁이마다 인간과 동물의 배설물이 흩어져 있는 모습, 이가 우글거리는 남녀노소의 숨결이 불쾌하다… 자연환경 속의 모든 공기와 물 중에서도 가장 고약하고 치명적인 것을 하나 꼽는다면 낮은 곳 습지대의 나쁜 공기와 고인 물이 있었다…[50]

이런 묘사를 보면 옛 잉글랜드로 시간여행을 하고 싶다는 생각이 사라진다. 습지에서 나는 냄새는 당연히 부식성 물질이자 가연성 물질이며 독성이 있는 황화수소였다. 미생물이 유기물을 소화하는 과정에서 나는 냄새다. 펜 배수사업 도중 흙과 진흙이 뒤적여지면서 악취가 올라왔다. 손을 대지 않아 원래 모습 그대로인 펜에서는 수련 냄새, 갈대 냄새, 물고기와 장어와 새의 냄새가 났다. 수면에서 가스가 부글거리는 곳만 예외였다.

말라리아라는 이름은 이탈리아어로 '나쁜 공기'를 뜻하는

---

50 Dobson, 앞의 책, pp. 10~11.

mal aria에서 왔다. 말라리아 병원체 중 가장 흔한 것은 열대열원충*Plasmodium falciparum*이고, 비교적 증상이 약한 말라리아 병원체는 삼일열원충*Plasmodium vivax*이다. 후자가 일으키는 질병을 '학질'이나 '삼일열'이라고도 부르는데, 환자의 열이 3일마다 한 번씩 치솟기 때문에 생긴 이름이다. (영국 탐험가 클리퍼드 W. 콜린슨 F.R.G.S.가 걸렸던 말라리아는 이 주기가 변형된 형태였다. 그는 1926년에 발표한 《식인종과 함께한 삶과 웃음》에서 다음과 같이 묘사했다. "타는 듯한 열과 오한으로 악몽 같은 하룻밤을 보낸 뒤 갑자기 땀이 무지막지하게 흐르기 시작했다… 섬에서 보낸 그 세월 동안 이렇게 짧은 기간에 엄청나게 열이 치솟는 일이 약 3주 간격으로 계속 반복되었다…"[51])

18세기와 19세기에 펜의 많은 주민들은 불가피한 죽음을 대비해서 집에 미리 관을 준비해 두었다.[52] 그곳에서는 땅에 묻히는 사람이 새로 태어나는 사람보다 많았다. 《사라진 펜》에서 러더햄은 "로마 군단이 영국으로, 따라서 펜으로 이 병을 가져왔다"고 믿었다. 돕슨은 이 병이 아주 오래된 잉글랜드의 풍토병이라고 생각했다. 안색이 창백하고 수명이 짧은 펜 주민들에 대한 말을 모아놓은 돕슨의 책은 슬프다. 그러나 많은 주민이 이 병에 어느 정도 저항력을 길러서 성인이 될 때까지 살

51 Clifford W. Collinson, *Life and Laughter 'Midst the Cannibals* (London, 1926), p. 68.

52 Ian D. Rotherham, 앞의 책, p. 32.

수 있었다.

대니얼 디포는 1727년에 발표한 《그레이트브리튼 전체를 여행하다》에서 고약한 이야기를 전했다. 펜 지대에서 어떤 농부를 만났는데, 스물다섯 번째 아내와 살고 있더라는 이야기였다. 서른다섯 살이 된 아들의 아내는 열네 번째였다. 펜 지대에서 나고 자란 두 남자는 "그것을 상당히 잘 견뎠다"(그것은 '학질'을 말한다). 그리고 다양성을 위해 고지대에서 아내를 골랐다. 고지대 출신 여성들은 펜 지대의 학질에 대한 저항력이 거의 또는 전혀 없었기 때문에 보통 1~2년 안에 세상을 떠났다.[53] 이 이야기가 머리에서 떠나지 않는다. 200년이라는 세월이 사이에 있지만, 아무것도 모른 채 냉소적인 펜 남자의 올가미에 걸린 여자들이 안타깝다. 그 남자들은 여자를 고작해야 성적인 대상, 또는 이전 아내들에게서 태어나 이제 엄마 없는 아이가 되어버린 자식들을 대신 보살펴 줄 사람으로만 보았다.

평민들만 고통받은 것은 아니다. 펜의 배수사업을 위해 베르무이덴을 불러온 국왕 제임스 1세도 1625년 3월 '습지열'에 걸렸다.[54] 상태가 악화되어 "배에 습포를 붙였으나 이것이 오히려 일련의 발작을 야기한 듯했다. 나중에는 숨을 몰아쉬면서 헛소리를 하고 맥박이 불규칙해졌다. 계속 치료했으나 왕

---

53 P. Reiter, "From Shakespeare to Defoe: Malaria in England in the Little Ice Age," *Emerging Infectious Diseases* 6(1) (2000): 1~11. Frank Key, "Daniel Defoe and the Fogwives of Essex," thedabbler.co.uk/2015/05/.

54 Rotherham, *Lost Fens*, p. 36.

은 몸이 불에 타서 구워지는 것 같다고 불평했다". 그의 시신을 부검하는 과정을 묘사한 섬뜩한 글도 있다. "왕의 두개골이 워낙 단단해서 끌과 톱으로 열었다… 뇌가 가득했다… 뇌가 흘러넘치는 것을… 막을 길이 없었다… 왕의 무한한 판단력에 대한 훌륭한 증거다."[55] 찰스 2세도 안타까운 희생자였다. 1685년 어느 날 아침에 깨어났을 때부터 그는 몸이 좋지 않았다. 의사들은 그에게 모든 치료법을 적용했다. 방혈, 약 복용, 구토, 관장, 머리를 밀고 빨갛게 태우기, 발에 고약한 고약 붙이기, 하제, 물집이 잡히게 하는 약, 재채기를 유도하는 유럽 흰여로, "죽은 뒤 땅에 묻힌 적이 없는 남자의 두개골을 빻은 가루".[56] 고문과도 같은 치료는 그의 죽음으로 간신히 끝났다.

펜의 주민에서 런던의 의사에 이르기까지 모두가 펜의 고인물에서 나온 "유독하고 유해한 증기"가 열병과 학질을 일으킨다고 믿었다.[57] 그렇게까지 악취가 나는 것을 보니 병의 원인임이 분명했다. 1878년 밀러와 스커츨리도 여기에 동의했다. 병의 원인이 유독한 증기가 아니라 날씬한 말라리아모기라는 사실은 그들이 결코 알 수 없는 정보였다. 영국령 인도의 군의료서비스에서 일하던 로널드 로스 박사가 1897년에 처음 알아낸 사실이기 때문이다. 영국에서 말라리아는 결국 근절되었

55 같은 책.

56 같은 책, p. 43.

지만, 그때까지 펜 지대가 많은 피해를 입었다.

빵을 만드는 밀은 모두에게 필요했다. 밀뿐만 아니라 보리도 필요하고, 이런 곡식을 기를 땅도 더 필요했다. 이 곡식들의 원산지는 튀르키예의 건조한 고지대였기 때문에, 습한 저지대에서는 잘 자라지 못했다. 펜은 처음에 가축을 위한 목초지로 개조되었다가, 그다음에는 대규모 배수사업을 통해 밀밭으로 바뀌었다. 이렇게 습지가 경작지로 바뀌면서 메탄과 이산화탄소의 배출량이 늘어났는데, 인류는 그 속도를 더욱 증가시켜 지금에 이르렀다. 누군가의 말처럼 현재 우리는 이산화탄소를 최대한 빠르게 돈으로 전환하려 하는 세계경제에 갇혀있다.

수 세기 동안 펜 지대 전체가 잠시도 가만히 있지 않고 유동적으로 박동하는 시스템이었다. 그러나 그 뒤에 도사린 육지 사람들이 생각한 것은 일시적인 편의를 위한 배수사업이나 북

---

57 Miller와 Skertchly의 대작 *The Fenland Past and Present*는 "펜의 위생상태"에 한 장을 모두 할애했다. 그들은 원인을 찾는 과학자의 자세로 "의사소통이 안 되고 주기적으로 열이 오르는 풍토병인 학질"이라는 주제에 접근했다. 그들은 습도를 원인에서 제외하며 다음과 같이 말했다. "…공기 중에서 발산되는 독기가 학질을 일으키는 근본 요인임이 분명하다." 그들은 이 병을 즉시 '말라리아'로 부르면서, 원인은 "틀림없이 습한 곳에서 썩어가는 유기물질"이라고 말했다. 마시의 물을 마시는 것 또한 원인일 가능성을 고려해 보았으나, 펜과 마시를 구분하여 산성을 띤 펜에서는 감염을 일으키는 나쁜 공기가 나오지 않는다는 것을 알아냈다. 그들은 마시에서 *썩어가는* 식물이 틀림없는 원인이라고 지목한 뒤, 말라리아의 다양한 증상과 치료제(키니네)와 통증을 줄여주는 완화제(주로 알코올과 아편)에 대해 길게 설명했다. 이런 내용이 10페이지쯤 이어진 다음에는 오존, 순수한 물, 상수도, 하수와 가스에 대한 유용한 통계에 대한 이야기가 이어졌다. 이 박식한 학자들이 펜 세계에 관해 두툼한 부피의 보고서를 작성하던 그 순간에, 다른 학자 여섯 명은 말라리아 감염의 수수께끼를 조금씩 풀어가고 있었다. 영국령 인도의 군 의료서비스 소속 의사였던 Ronald Ross는 *The Fenland Past and Present*가 출간된 지 19년 뒤 새와 모기를 통한 말라리아 감염 사이클을 밝혀냈다.

해의 기발한 변화를 포용하는 것이 아니었다. 그들은 펜 지대 전체를 거대한 밭으로 변환시킬 대규모 배수사업을 구상했다. 그들의 이러한 의지가 관철되어 펜은 영국의 곡창지대가 되었다. 옛 노래가 이런 사정을 단적으로 보여준다.

남자도 여자도 법의 벌을 받아
공유지에서 거위를 훔친 자들,
하지만 그보다 큰 범죄자는 빠져나가지
거위에게서 공유지를 훔친 자들.[58]

펜의 물을 빼서 농경지로 만들고 펜의 주민들을 생산적인 농촌 노동자로 만들기 위해 영국 정부와 지배계급이 300년 동안 노력을 기울인 것은 잘못된 판단을 내리고도 패배를 고집스럽게 인정하지 않은 고전적인 사례다. 펜의 주민들은 배수사업에 맞서서, 그 사업을 설계하고 감독하기 위해 불러온 네덜란드 전문가들에게 맞서서, 자신의 삶과 전통에 간섭하려는 세력에 맞서서 몇 번이고 반란과 폭동을 일으켰다. 그들은 수백 년 동안 고리버들, 갈대, 오리 깃털, 장어가죽 등을 이용하는 펜 지대 특유의 방식으로 물이 가득한 그곳을 살 수 있는 세상으로 만들었다. 그러나 개선을 이야기하는 육지의 사업자

---

58 영국의 인클로저에서 영감을 얻은 이 재치 있는 시의 기원을 보려면, www.cs.ucdavis.edu/~rogaway/classes/188/materials/boyle.html 참조.

들이 그들을 가리켜 기가 막힐 정도로 무지하다, 말라리아 환자다, 자신은 물론 아이들에게까지 아편을 먹인다고 모욕할 때는 고통스러웠다. 그들이 맞서 싸우기는 했으나, 저항은 분쇄되고 결국 배수사업 이전에 펜이 비옥한 생태계[59]를 형성하고 있던 좋은 시절은 영영 사라지고 말았다.

옛 습지들이 대부분 배수사업의 대상이 되어 넓은 농지가 되었다. 그곳의 토양은 지금도 비옥하지만 경작할 때 이산화탄소가 배출되고, 간헐적인 범람이 있어야만 토양의 비옥함이 유지될 수 있다. 또한 이곳에 광범위하게 설치된 각종 파이프와 펌프는 항상 관리가 필요하다. 고운 퇴적물로 이루어진 흙은 말랐을 때는 쉽게 바람에 날려가고 홍수 때는 쉽게 침식된다. 그러니 이런 땅을 관리하는 데 드는 비용, 그리고 인공적으로 조성한 이 땅을 보그, 펜, 스웜프로 되돌리면 이산화탄소 배출을 줄일 수 있다는 증거를 보면 습지 복원으로 확고한 농업 위계질서를 필연적으로 치받아야 할 강력한 이유가 생긴다. 유럽연합은 이산화탄소와 메탄의 배출량을 줄이기 위해 2011년 토탄 채취를 금지했다. 아일랜드는 이 조치를 거부하다가 2018년에 결국 무릎을 꿇고 '기후변화에 맞서자'는 기치를 들었다. 그러나 자연계에서 이미 사라진 것을 되돌리기는 쉽지 않다. 토탄이 만들어지는 데에는 수천 년이 걸리지만, 채

59 많은 블로거와 스피커들이 '생태계'라는 단어를 정치적인 의미로 악용하는 것이 불쾌하다.

취에는 몇 주나 몇 년밖에 걸리지 않는다.

그래도 해수면 상승과 강우량 증가로 일부 펜이 과거로 돌아갈 수 있을지 모른다. 영국 자연계에 관한 뉴스가 모두 어둡기만 한 것은 아니다. 1995년 왕립조류보호협회는 노퍽과 서식스 경계지역에서 배수사업으로 농지가 된 펜 740에이커(약 3제곱킬로미터로 여의도와 비슷한 면적—옮긴이)를 확보해 도랑을 다시 만들고 조작할 수 있는 수문을 사용해 갈대밭과 풀밭이 있는 펜으로 되돌리는 작업을 시작했다. 그 결과는? 바로 레이큰히스 펜 보호구역이다. 새를 포함한 여러 야생생물이 그곳에서 살기 시작하면서,[60] 1995년에 고작 네 쌍이었던 유라시아 갈대딱새가 2002년에는 355쌍으로 폭증했다. 다른 새들도 아주 많이 이곳에 모습을 드러내기 시작했는데, 그중에 검은목두루미 한 쌍이 번식을 위해 이곳을 찾은 것은 400년 만에 처음 있는 일이었다. 배수사업으로 물이 빠진 과거의 펜 지역에 이런 자연보호구역이 속속 만들어지면서 2021년 2월 검은목두루미의 개체수는 200마리가 되었다.

2001년 그레이트 펜 프로젝트는 캐임브리지셔에서 5헥타르(12에이커)(약 4만8천560만 제곱미터로 축구장 6.8개 정도를 합쳐놓은 면적—옮긴이)라는 소박한 면적의 땅에서 시험 삼아 시작되었다. 그들이 채택한 방식은 물이 많은 땅에서 번성하는 식

60 www.waxwingeco.com/birding-hotspot.php?id=L1263156, www.fensforthefuture.org.uk/news/post/cranes.

물을 습식 농경으로 길러서 식량을 공급하고 수십 종류의 유용한 생산품을 만들어 내는 것이다. 중세시대에 이런 지역에서 이루어졌던 일과 어느 정도 비슷하다. 그들은 골풀, 갈대, 물이끼 등 펜의 토착식물을 많이 선택했다. 물이끼는 물을 흡수하는 능력이 환상적이라서, 사람들이 야생에서 자라는 것들을 마구 채취해 말려서 토질 개선용으로 판매한다. 골풀과 갈대는 장차 포장재, 절연재, 건축재로 쓰일 것이다. 농경지로 변한 과거의 펜에 다시 물을 채워 이렇게 습식 농경을 실행하면, 이산화탄소를 붙잡아 둘 수 있다. 새를 비롯한 야생생물 또한 박물학자들이 꿈에 그리는 혜택을 보게 될 것이다. 이 프로젝트에서 가장 놀라운 부분 중 하나는 사업기간이 100년이라는 점이다.[61] 인도 카시족이 다리를 짓는 속도에 비하면 보통 단기간에 끝나는 서구식 계획과는 엄청나게 다르다.

2017년 내셔널트러스트는 도버의 하얀 절벽 꼭대기에 있는 농경지 175에이커(약 71만 제곱미터로 축구장 아흔아홉 개 정도 되는 면적—옮긴이)를 구입해서(제2차 세계대전 때 〈우리는 다시 만날 거야〉라는 발라드로 전쟁으로 사라진 세계에 대한 향수의 색채를 입혔던 데임 베라 린이 지원했다), 영양분을 흡수하는 보리를 심어 그동안 비료가 지나치게 많이 사용된 토양을 회복시켰다. 이곳의 토착식물들은 영양분이 적은 토양을 선호한다.

---

61 www.greatfen.org.uk/.

2019년 내셔널트러스트는 들꽃과 곡식의 씨앗을 섞어서 뿌렸다. 꽃가루를 옮겨주는 곤충에게는 풍부한 꿀을, 새에게는 씨앗을 제공해 주는 식물들이었다. 이렇게 새로 심어진 과거의 식물들이 벌, 종달새, 멧새, 송골매, 나비를 불러들였다. 개중에는 아도니스 블루나비, 붉은제독나비, 꼬마멧팔랑나비도 있었다.[62]

나는 이 복원 소식이 너무 반가워서, 베라 린이 복원시킨 훌륭한 초원과 다시 물이 들어찬 펜 너머에는 영구동토가 해빙되고 해수면이 상승하고 걷잡을 수 없는 화재로 우림까지 불에 타고 토네이도와 드레초 등 무시무시한 폭풍이 일고 동물과 곤충의 종이 급격히 줄어드는 현실이 있음을 되새겨야 했다. 복원하려는 노력 중에는 실패하는 것도 있고, 수천 년이 지나야 비로소 효과가 나타나는 것도 있다.

19세기와 20세기 초에 미국은 대부분의 펜 지대에서 배수사업을 실시했다. 그래서 가장 고립된 지역에 있는 소수의 펜만이 남아있다. 홀리 크로스 윌더니스(토머스 모런이 1875년에 발표한 그림에서 산 한쪽의 바위틈이 거대한 십자가 모양을 하고 있고, 거기에 눈이 가득 쌓여서 그리스도교의 분위기를 풍기기 때문에 이런 이름이 붙었다) 중 콜로라도주의 로키산맥 높은 곳에 있

62 Steven Morris, "Dover Clifftops 'Buzzing with Wildlife After National Trust Takeover," *Guardian*, 2020년 7월 4일자.

는 펜이 그중 하나다. 산 아래에는 빙하의 물이 흘러드는 펜 지대가 있는데, 해면질처럼 작은 구멍이 많이 나있다. 고도가 높은 습지는 풍요로운 곳이라서, 엘크, 사슴, 헤아릴 수 없이 많은 오리와 새, 양서류, 비버, 희귀식물, 곤충 등의 서식지가 된다. 그러나 보수적인 색채를 띤 콜로라도주는 그동안 관광업으로 큰 성공을 거뒀다. 게다가 스키와 등산을 즐기러 오는 사람도 많고, 프런트산맥을 따라 점점 성장하는 도시들, 특히 콜로라도스프링스로 이사하는 사람도 많다. 발전에는 좋은 수원지가 필요하기 때문에, 홀리 크로스 펜 지대의 물을 가둬두는 댐과 저수지 신축 계획이 마련되어 있다.

> 좀 더 바람직한 댐과 저수지를 새로 짓기 위해 그곳 도시들은 굴착을 전례 없이 '경감'하고, 지하의 펜들을 다른 곳으로 이식해서 손상된 습지를 복원하는 방안을 강구하고 있다.

그러나 내무부 지역사무소는 펜을 대체할 수 있는 것은 없으며, 펜을 옮기는 것이 "가능할 것 같지 않다"고 줄곧 주장하고 있다.[63]

이라크의 사담 후세인은 5천 년의 역사를 자랑하는 마시 아랍스의 습지에서 1991년에 배수사업을 실시했다. 이 습지를

---

63 Bruce Finley, "Booming Front Range Cities Take First Steps to Build $500 Million Dam, Reservoir near Holy Cross Wilderness," *Denver Post*, 2020년 9월 6일자.

복원하려는 노력이 현재 느릿느릿 진행 중이다. 이 지역에 대한 내 지식의 대부분은 이라크 남부 습지의 삶을 담은 윌프레드 세시저의 유명한 책 《마시 아랍스》에서 얻은 것이다. 이 책은 1964년에 출판되었다. (내가 중고로 산 닳아빠진 책에는 스릴을 즐겼다는 세시저가 연단에 서있는 모습을 찍은 색 바랜 폴라로이드 사진 한 장이 끼워져 있었다. 사진을 찍은 사람이 서표로 끼워 놓은 것 같다.) 2003년 미국계 이라크인 환경 엔지니어 아잠 알와시의 관심을 받으며 이 습지의 복원작업이 시작되었다. 알와시는 이렇게 말했다. "…18년이 흘렀어도 나는 여전히 이 일을 하고 있다… 이것은 쉬운 일이 아니다… 대규모 유전 다섯 개가 습지 아래에 있다…"[64] 캐나다의 망가진 역청사 토탄지대를 되돌리려는 노력은 고되기만 하고 되는 일이 별로 없어서 아직 아무런 성과가 없다. 케임브리지셔의 습식 농경 실험에 큰 희망이 걸려있으나, 펜이든 열대림이든 망가진 자연을 되돌리고 복원하는 일이 엄청나게 어렵다는 사실을 우리가 점점 깨닫고 있을 뿐이다. 터주를 제자리에 되돌려 놓는 일이 불가능하지는 않지만 정말 정말 정말 어렵다. 건축과 파괴에는 뛰어난 솜씨를 보여주는 인류가 자연계를 복원하는 일에는 불쌍할 정도로 미숙하다. 그냥 우리 적성에 안 맞는 일이다.

---

64 www.csis.org/podcasts/babel-translating-middle-east/azzam-alwash-restoring-iraqs-marshes.

〈 3 〉
보그
BOG

〈잠든 보그를 그대로 두라〉, 렘코 드 푸 그림(1990년)

중국의 옛 속담 중에 이런 것이 있다. '그릇이 사각형이면 그 안의 물도 사각형이 될 것이다.' 오늘날 대부분의 사람들은 물과 친숙하면서도 무심하다. 물에 우리가 모르는 수수께끼 같은 것은 없고, 우리 눈에 보이는 것은 물의 유용함, 소유권, 사람의 관심사에 적합한 미적인 가치뿐이다. 하지만 어둠에 잠긴 선사시대로 내 상상력을 쭉 밀어보면 물의 투명함, 모양이 잘 바뀌는 것, 마법처럼 사물을 비추는 능력, 검게 보이던 물이 퍼올리면 곧바로 투명해지는 것 등이 신비로운 변신능력의 증거로 보일 수도 있을 것 같다.[1] 물은 최초의 변신능력자다. 내가 둥근 물병의 물을 사각형 그릇에 따르고 물의 모양이 사각형으로 바뀐 것을 지켜본다면, 거기서

1 Alan L. Mackay, *The Harvest of a Quiet Eye* (Institute of Physics, 1977), p. 34.

놀라울 정도로 깨달음을 얻을 수도 있을 것이다. 인류의 역사 초기에 숭배의 대상인 물에 봉헌물이 받아들여지면 그것이 봉헌한 자와 그것을 받아들인 초자연적인 힘[2] 사이의 대단히 진지한 계약과 같은 힘을 발휘했을지 모른다는 생각이 퍼뜩 든다. 세상을 다양한 습지로 만드는 것도 물이고, 수천 가지 봉헌물과 귀한 선물을 품는 것도 물이다. 노먼 매클린의 〈흐르는 강물처럼〉에서 마지막 문장이 생각난다. "물이 내 머릿속을 떠나지 않는다."[3]

원시인들의 마음에 경외를 심어주었을 듯싶은 물질은 물 외에도 더 있다. 예를 들면, 흑요석. 검은색 화산유리인 흑요석은 검은 거울처럼 사물을 비추지만, 타격을 주면 무서울 정도로 날카롭고 투명한 조각으로 쪼개진다. 크게 우는 소리가 기묘한 언어처럼 들리던 새들도 사람은 도저히 갈 수 없는 높은 곳까지 훨훨 날아오를 수 있었다. 혹시 저 새들은 저 기묘한 언어를 이해하는 하늘 권력자의 전령이 아닐까? "새들의 언어는 아주 오래된 것이다. 그리고 오래된 언어가 그렇듯이, 생략된 것이 아주 많다. 하는 말은 별로 없어도 그것을 알아듣는 자에게는 의미가 크다."[4]

---

2 아일랜드 칼로 카운티 블랙스테어스 산맥의 예술가 Remco De Fouw는 육지 풍경이나 바다 풍경 속의 물이 아니라 하나의 물질로서 "물의 경이로움"에 관심을 갖고, 물의 성질을 탐구하기 위해 습기와 보그를 작업 대상으로 삼는다.

3 Norman Maclean, *A River Runs Through It and Other Stories* (University of Chicago Press, 1974), p. 106.

일반적인 사람들은 토탄지대의 이름과 라벨을 워낙 뒤섞어서 쓰기 때문에[5] 보그는 흔히 황무지moor, 늪mire, 진구렁quagmire 등 다양한 이름으로 불린다. 'moor'의 의미는 특히 그레이트브리튼 중 바이킹이 정착한 북부 고지대에서 다층적이다. 남부에서 고대영어의 'moor'는 낮은 곳의 토탄지대를 뜻한다. 주스텐은 다른 사람들과 함께 쓴 책에서 다음과 같이 설명한다.

> 바이킹은 북유럽 언어로 '모래가 있는 평원', '넓은 숲 지역'을 뜻하는 'mór'라는 단어를 가져왔다… 고대영어에서 '토탄지대'를 뜻하던 단어와 발음이 정확히 똑같은 단어다. 이렇게 발음이 같고, 둘 다 탁 트인 넓은 풍경을 뜻하기 때문에 두 단어가 융합될 수 있었다… 따라서 남부에서는 'moor'가 낮은 곳의 토탄지대를 뜻하는 단어로 남았지만, 북부에서는 고지대의 보그와 히스가 무성한 황야로 단어의 뜻이 바뀌면서 북부 저지대의 늪을 일컫는 단어가 없어져 버렸다.[6]

로버트 루이스 스티븐슨은 《납치》에서 데이비드 밸푸어와

---

4 Gilbert White, in Graeme Gibson, *The Bedside Book of Birds* (Doubleday, 2005), p. vii.

5 습지의 용어와 정의에 관한 다채로운 설명을 보려면, Hans Joosten, Franziska Tanneberger, Asbjorn Moen 편집, *Mires and Peatlands of Europe: Status, Distribution and Conservation*, Ch. 3, "Mire and Peatland Terms and Difinitions in Europe," (Schweizerbart Science Publishers, Stuttgart, 2017), pp. 65~96 참조.

6 Joosten 외, *Mires and Peatlands of Europe*, 앞의 책, p. 72.

앨런 스튜어트가 황무지를 가로질러 도망치는 긴장된 장면에 고지대의 정수를 잘 표현했다. "…보그와 늪과 토탄 웅덩이로 길이 듬성듬성 끊기고… 히스 화재로 꺼멓게 탔다."[7]

미국 북부 일부 지역과 캐나다에서는 '머스케그muskeg'가 보그를 뜻한다. 북아메리카의 역사와 얽혀있는 이 단어는 알곤킨족의 언어로 보그와 물이끼를 뜻한다. 크리족 언어로는 '매스케크maskek,' 오지브웨이족 언어로는 '매시키그mashkig'다. 옛 민담을 연구하는 에드리엔 메이어에 따르면, 아베나키족의 이야기에 등장하는 '메스캐그-크웨데모스meskag-kwedemos'는 몸집이 거대하고 뿔이 달린 무서운 수생 괴물이다.[8] 보그, 강, 호수에 사는 이 괴물은 가만히 귀를 기울이고 있다가 인간이 자신의 서식지를 침범하는 소리가 들리면 그들을 잡아먹었다. 슈피리어호 주립공원에 있는 유명한 아가와Agawa 그림문자 중 하나는 전투용 카누 한 척에 탄 사람들이 뿔 달린 수생 괴물 근

---

7 Robert Louis Steenson, *Kidnapped*, 1886 (Penguin, 1994), p. 154.

8 Adrienne Mayor, *Fossil Legends of the First Americans* (Princeton University Press, 2005), p. 12. 메이어는 이 발견의 공을 아베나키족에 돌렸지만, 열혈 블로거 John J. McKay는 마스토돈에 관한 책을 쓰는 과정에서 "부족별 인디언 동맹"을 기록한 역사기록을 우연히 발견했다. "…이러쿼이족 237명, 아베나키족 50명, 알곤킨족과 니피싱족 32명." McKay는 이 인디언 동맹 중 약 90명이 "영국의 브랜디에 유혹당해" 뉴욕주 오스웨고 근처에서 탈영했음을 발견했다. 남은 아베나키족은 많지 않았다. 그래서 사이오토강 인근에 살던 쇼니족에서 새로운 사람들을 데려왔을 가능성이 있는데, 빅본릭에 대해 잘 아는 이들이 화석을 발견했을 가능성이 높다는 것이 McKay의 생각이다. johnmckay.blogspot.com/2014/01/baron-longueuil-and-mastodon-of-1739.html. 고고학자들은 쇼니족의 조상이 바로 최후의 마스토돈을 사냥한 사람들일지도 모른다고 생각한다. 그들의 클로비스 촉이 "마스토돈의 유해와 확실히 관련되어" 있기 때문이다. K. Tankersley, M. Waters, T. Stafford, "Clovis and the American Mastodon at Big Bone Lick, Kentucky," *American Antiquity* 7, no. 3 (2009년 7월호), p. 565 참조.

처에서 노를 젓는 모습을 보여준다. 침을 줄줄 흘리는 괴물의 입이 두려운 사람들은 모두 노를 저을 때 소리가 나지 않게 주의를 기울였다. 아메리카 원주민들은 수천 년 전부터 발견되는 뼈 화석을 진화와 관련된 자기들 신화에 포함시켰다. 예를 들어, 거대한 마스토돈과 매머드의 뼈와 이빨을 보고, 그것이 먼 옛날 거대 동물들이 세상을 활보하던 시절 위대한 정령이 창조한 들소 조상 할아버지의 유해라고 이야기하는 식이다.

첫 번째 세계전쟁[네덜란드, 프랑스, 스페인, 영국, 아메리카에서 태어난 토박이와 이주민이 휘말린 '7년 전쟁'(1756~1763). 북아메리카에서는 '프렌치—인디언 전쟁'으로 불렸다]을 향해 분위기가 점점 고조되던 2세기 동안 프랑스와 영국은 모두 탐욕스럽게 아메리카 대륙을 탐험하며 저마다 땅과 강에 대한 소유권을 주장했다. 이를 위해 그들은 숲을 불태우고, 나무에 금속판을 못 박았으며, 무엇이든 가치가 있을 것 같으면 표시를 해두었다. 두 나라 모두 동맹관계인 인디언 부족들을 고용해서, 북아메리카의 풍요로운 자원을 둘러싼 초기 전투를 돕게 했다. 숨이 막히게 아름다운 오하이오 계곡은 질 좋은 토양, 모피 동물, 단단한 나무가 자라는 숲이 있었으므로 반드시 손에 넣어야 하는 곳이었다. 비록 당시 그들은 알지 못했지만, 이 두 나라의 경쟁 덕분에 나중에 보그에서 중요한 화석이 하나 발견되어 고생물학 역사가 새로 만들어지기도 했다.

1739년 프랑스의 이해관계를 가장 잘 보여준 사람은 자손이 많고 중요한 가문인 르 모인 가문의 샤를 르 모인과 장-바티스트 르 모인 드 비엔빌이었다. 2대 드 롱그유 남작인 샤를은 몬트리올에 주둔한 군대의 소령이었고, 그의 삼촌인 비엔빌은 뉴올리언스 식민지의 관리였다. 비엔빌은 영국을 대신해서 싸우는 치카소족과 대적하는 중이었다. 롱그유는 프랑스 병사 123명, 인디언 부족의 사냥꾼과 안내인 수백 명과 함께 비엔빌을 돕기 위해 뉴올리언스로 향했다.

그들의 이동이 이례적인 것은 아니었다. 북아메리카 인디언들은 서로 이리저리 이어진 강과 호수에서 일상적으로 대규모 항해를 했으므로, 몬트리올에서 뉴올리언스로 가는 길을 새로운 모험이라고 할 수는 없었다. 이곳의 지리도, 물길도 그들에게는 익숙했다. 롱그유 원정대는 전투용 카누에 나눠 타고 1739년 7월 몬트리올을 출발해 서쪽으로 노를 저었다. 세인트로렌스를 지나고 온타리오 호수를 건너 이 호수와 이어진 이리 호수로 들어갔다가 남쪽으로 방향을 틀어 미시시피강까지 이어지는 강줄기에 들어섰다. 그 물길을 따라 쭉 내려가면 뉴올리언스와 치카소족이 있었다.

원정대는 오하이오 강가에서 야영을 했다. 그날의 사냥을 맡은 인디언들은 선사시대부터 동물들이 소금을 핥으러 오던 천연 소금 샘을 향해 출발했다. 북미 동부에서 가장 넓은 소금 샘 중 하나인 이곳은 정수압 때문에 아래쪽 석회암의 단층을 통해 바닷물이 끌려올라와 형성된 곳으로, 샘 주변의 땅은 물기에 젖어 부드러웠다. 수많은 동물이 살아가는 데 반드시 필요한 소금을 얻으려고 이곳을 찾았기 때문에, 식물에 덮여 가볍게 위장된 깊은 보그가 그들의 발길에 요동쳤다. 마스토돈 같은 무거운 동물들이 언뜻 단단해 보이는 땅에 발을 들여놓았다가 두 걸음 만에 깊고 끈적끈적한 진흙 속으로 가라앉았다. 빠져나오려고 몸부림을 치다가 결국 지쳐서 죽은 그들은 화석이 된 뼈무덤의 일부가 되었다.

1739년의 그날 인디언 사냥꾼들은 거대한 넓적다리뼈 하나를 발견했다. 나중에 이곳의 이름까지 빅본릭으로 바뀌게 만든 그 뼈의 발견으로 북아메리카 고생물학이 시작되었다고 할 수 있다.[9] 인디언 사냥꾼들은 그 넓적다리뼈와 상아 두 개, 이빨 두 개를 야영지로 가져갔다. 모두 경탄하는 가운데 르 모인은 자신이 그것들을 맡아두겠다고 말했다.[10] 원정대는 미시시피강을 따라 계속 내려가 전투에 참가했으며, 치카소족에게 패했다. 치카소족은 그 뒤로 10년 동안 패배를 몰랐다. 르 모인은 화석을 가지고 뉴올리언스로 갔다가 나중에는 파리까지

9 Elizabeth Kolbert, "The Lost World," *The New Yorker*, 2013년 12월 9일자. 1796년 파리 과학예술 연구소에서 처음 강연을 할 때 Cuvier는 아시아와 아프리카의 코끼리를 따로 구분했으며, '빅본릭'에서 나온 화석을 포함한 여러 화석 연구결과를 바탕으로 과거에는 거대한 동물들이 지상에 살다가 모종의 '재앙' 때문에 사라졌다는 의견을 내놓았다.

10 많은 설명에서 인디언 사냥꾼들을 무시하고, 롱그유에게 발견의 공을 돌린다. 메이어는 이 중요한 화석의 발견자로 원주민들의 공이 인정되지 않는 사례가 반복되었음을 지적하면서, 영향력 있는 고생물학자 Gaylord Simpson(1902~1984)의 무시하는 듯한 표현과 백인 원정대 지도자의 거만한 태도를 인종차별 사례로 인용한다. 초기 고고학계와 고생물학계에는 불행히도 인종차별주의와 여성혐오의 흐름이 새빨갛게 이어지고 있다. 원주민, 유색인종, 여성은 화석을 발견해도 거의 인정받지 못했다. 1908년 중요한 폴섬 유적을 발견했으나 최근에야 그 공을 인정받은 흑인 카우보이 George McJunkin도 그런 사례다.

갔다. 그곳에서 이 유물은 왕의 보물고로 들어갔다. 프랑스혁명과 두 차례의 세계전쟁을 거치면서 상아는 사라졌지만, 나머지 유물은 현재 파리에 있는 국립 자연사박물관에 소장되어 있다.

펜 토탄은 광물질이 풍부한 토양에서 갈대, 사초, 부들, 골풀, 조름나물이 자라는 곳의 지하수에서 형성된다. 이 식물들은 물가와 물속에서 자라다가 스러지기를 반복하며 점차 펜에 쌓이는데, 일부 부패한 채로 펜을 채운 이 식물들이 수천 년에 걸쳐 펜 토탄이 된다. 하지만 이것이 끝이 아니다. 물이 있는 한 습지에 종말은 결코 존재하지 않는다. 단단하게 다져져서 두둑한 모양을 한 펜 중심부와 광물을 풍부하게 함유한 지하수의 접촉이 끊어지면, 펜은 빗물에 의존해야 한다. 그런데 빗물은 빈영양 상태, 즉 광물이 심각하게 부족한 상태다. 갈대가 자라는 가장자리로 밀려난 사초와 골풀에게는 나쁜 소식이다.

그러나 광물이 풍부한 펜과 분리되어 빗물에 의존하는 편을 더 좋아하는 식물도 있다. 보그의 주인공인 물이끼가 그렇다. 물이끼 포자는 바람을 타고 몇 킬로미터나 운반된다. 빗물 속에서 살아가는 물이끼는 예전에 펜이었던 곳에 일단 조금이라도 자리를 확보하고 나면 위로, 옆으로 점점 퍼져나가며 통통하고 작은 언덕 모양이 된다. 그러다 보면 과거 펜이었던 지역의 토탄 위로 두둑한 렌즈 모양으로 올라앉은 상승형 보그raised bog가 형성되기도 한다. 이 과정을 부르는 멋진 말이 바로

'소택지화'다. 물이끼는 빈영양 상태의 물로 이루어진 자기만의 서식지 환경을 한동안 유지한다. 나는 2011년에 크로베리 보그가 발견된 이야기를 박물학자인 친구에게서 듣고 기뻐했다. 크로베리 보그는 워싱턴주의 올림픽 반도에 있는 진정한 상승형 보그다.[11] 토탄이 만들어 내는 토양을 히스톨이라고 하는데, 일부 부패한 유기물이 풍부하지만 금방 마르는 성질이 있다. 토탄 히스톨에 작물을 심으면 처음에는 풍작을 이루지만, 나중에는 토양이 건조해지고 탄소 함유량이 줄어든다. 토탄층 깊숙한 곳에는 가장 많이 부패한 물질들로 만들어진 거름이 있다. 거의 액체처럼 걸쭉하고 끈적끈적하다.

보그의 모양과 유형은 다양하다. 동심원 모양 또는 이심원 모양인 상승형 보그는 한대지역에 흔하다. '스트링 보그'나 '무늬가 있는 펜'으로도 불리는 아파 토탄지대도 한대지역에 나타나며, 대개 상승형 보그 지역의 북쪽에 위치한다. 어두운 물속에 손가락처럼 뻗어있는 보그 식물들을 공중에서 보면 나달나달 낡아가는 초록색 비단 리본처럼 보인다. 해안지역에서 지상으로 흩뿌려지는 바닷물로 이루어진 보그에는 인, 나트륨, 염소가 바닷물과 함께 떨어진다. 담요 보그는 이름 그대로 두툼하고 넓게 토탄이 형성된 곳이다. 특히 영국과 북서 유럽에

11 생태학자 Joe Rocchio의 이 짜릿한 발견은 워싱턴 토착식물학회 회보 2019년 10월 29일자에 설명되어 있다(wnps.org/blog/crowberry-musings). 상승형 보그는 "미국 서부에서 한 번도 기록된 적이 없는 것"이었다. 이 보그는 현재 소수의 과학자들에게만 개방된다.

두드러지게 나타난다.

스코틀랜드의 플로 컨트리는 현존하는 세계 최대의 담요 보그라고 한다. 플로 컨트리 중 4천 제곱킬로미터 넓이의 한 지역은 보그 중에서는 세계 최초로 국가문화유산으로 지정될지 모른다. 플로 컨트리는 유럽 철새 대부분이 둥지를 트는 중요한 서식지다. 여기에는 청다리도요 66퍼센트, 검은가슴물떼새 17퍼센트, 민물도요 35퍼센트, 아비새 등 육식동물을 피해 새끼를 기르기 위해 위장이라는 방법을 이용하는 모든 새가 포함된다. 수천 년에 걸친 진화 끝에 이 새들의 다리와 깃털 색깔은 물이끼, 사초, 히스가 자라는 풍경 속에서 눈에 띄지 않게 되었다. 그러나 목재 부족에 시달리던 영국인들이 1980년대에 유혹을 이기지 못하고 언뜻 바람이 모든 것을 휩쓸고 가서 텅 빈 것처럼 보이던 이 지역에 나무를 심게 되었다. 정부는 플로 컨트리 보그의 물을 빼고 땅을 가는 데 필요한 돈을 내어주었고, 결국 습지 19만 헥타르(47만 에이커)(약 1천900제곱킬로미터로 제주도와 비슷한 면적—옮긴이)가 훼손되어 이랑과 고랑이 있는 밭으로 변했다. 이랑에는 원산지가 다른 곳인 나무가 심어졌다. 이 모든 일이 워낙 순식간에 일어났기 때문에,[12] 보그의 다양성을 기록하려고 애쓰던 자연보호 운동가 중 한 명이 농부들에게 쫓길 정도였다. "쟁기가 도망치는 우리를

---

12 Sharon Levy, "Scotland's Bogs Reveal a Secret Paradise for Birds and Beetles," *Guardian*, 2019년 11월 27일자 (원래는 2019년 11월 12일자 I), p. 3.

문자 그대로 바로 뒤에서 쫓아왔다." 그들이 계획을 세우고 사진을 찍는 작업을 하루 만에 마치고 나면, 바로 다음 날 아직 그들의 발자국이 남아있는 땅을 농기계가 찢어발겼다. 육묘장 주인들은 수십만 그루의 시트카가문비나무와 로지폴소나무를 심으면서 미래를 설계했다. 그러나 산성이 강하고 영양분이 적은 보그 토양에서 나무들이 잘 자라지 못해 그들은 실망할 수밖에 없었다. 그나마 힘들게 살아남은 나무도 온통 평평한 땅에 흔하게 불어오는 사나운 바람에 시달렸다.

세월이 흐르면서 침엽수 농장이 바람에 휘어지고 헝클어진 덤불로 변했다. 솔담비, 붉은여우, 뿔까마귀 등 육식동물도 나타났다. 플로 컨트리에서 안전하게 둥지를 틀던 철새들은 이곳에서 이런 적과 맞닥뜨린 경험이 없었다. 농장에 반대하는 성난 목소리가 자연보호운동가들과 환경운동가들에게서 터져 나왔다.[13] 이 사건은 "영국 역사상 가장 격렬했던 환경 전투 중 하나"로 꼽힌다. 1990년대가 되자 정부 보조금은 목재사업을 꿈꾸던 사람들의 실망이라는 구름 속으로 증발해 버렸다. 일련의 복잡한 법률, EU 서식지 지침, 습지의 가치에 대해 더 늘어난 지식이 보그 복원의 길을 열었다. 일꾼들이 시들어 가는 나무를 베고, 물을 모아 빼내는 장치를 막았다. 지하수면이 상승하면서 이랑에 보그 히스와 참황새풀이 나타나고 축축한 고

---

13 Sharon Levy, 같은 자료.

랑에는 물이끼가 자리 잡았다. 이상적인 변화는 아니었다. 하이랜즈 앤드 아일랜즈 대학교의 록산 앤더슨은 이 프로젝트를 감독하면서 이랑과 고랑이 있는 풍경이 아니라 균질한 습지를 원했다. 일꾼들이 이랑을 평평하게 무너뜨리고 고랑의 양쪽 끝을 막아 물이 그 지역 전체에 고루 퍼지게 했다.

16년이 흐른 뒤, 평평해진 보그는 이산화탄소와 그보다 더 치명적인 메탄을 더 이상 배출하지 않고 오히려 담아두게 되었다. 그러나 논쟁은 아직 끝나지 않았다. '결함 있는' 계획에서부터 부정확한 조사에 이르기까지 나무 심기 프로젝트의 모든 면에 문제도 도사리고 있다. 메탄은 정말로 무시무시한 문제다. 2020년 북극해에 얼어있던 엄청난 양의 메탄이 점점 불안해지면서 대기 중으로 유입되기 시작했다.[14] 메탄이 지구온난화에 미치는 영향은 이산화탄소의 80배다. 그러니 어떻게든 이 문제를 처리해야 한다.

메이요 카운티의 나무 하나 없는 세이드 평원도 담요 보그로, 농경지의 신석기 유적, 거석묘, 아일랜드에 숲이 무성했던 고대에 쓰러진 소나무 줄기가 포함되어 있다. 네덜란드는 16세기와 17세기에 대규모 배수사업이 실시되기 전 익명의 소책자에서 "유럽의 대大보그, 세상에 이런 습지는 또 없다. 마음대로 범람시켜도 되는 국가적 진구렁"이라고 일컬어지던 곳이다.

---

14 Jonathan Watts, "Arctic Methane Deposits 'Starting to Release,' Scientists Say," *Guardian*, 2020년 10월 27일자.

'마음대로 범람시켜도'라는 말은 적에 맞선 방어책으로 특정한 지역에 물을 범람시키던 네덜란드의 관행을 언급한 것이다.[15] 1573년에 네덜란드는 수로를 열어 전략적인 지역에 물을 범람시키는 방법으로 스페인 침략군의 진군을 막았다.

서시베리아 저지대의 대大바슈간 마이어mire[16]는 브라질의 판타나우와 함께 현존하는 가장 큰 보그 지대로 꼽힌다. 보그, 늪, 스웜프가 180만 제곱킬로미터나 되는 땅에 섞여있다. 바슈간의 길이는 동서로 550킬로미터, 남북으로 270킬로미터이며, 전 세계 토탄지대의 약 2퍼센트를 차지한다. 바슈간의 동쪽 절반에는 오브강과 이르티슈강이 있다. 숲과 접해있는 이 습지는 서쪽이 산업화되었는데도 세계유산 후보지로 거론된 적이 있다. 캐나다와 유럽의 토탄지대도 고위도 지역의 중요한 탄소싱크 중 일부다. 열대지방에서 가장 큰 토탄지대는 아시아에 있는 인도네시아와 서부 아마조니아의 손상된 토탄 숲이다. 최근(2012년) 콩고 분지 중심부에서 온전한 형태로 발견된 큐벳 센트랄[17]은 넓이가 14만5천 제곱킬로미터(우리나라의 약 1.44배 되는 면적—옮긴이)로 열대지역 최대의 토탄지대다. 벌써부터 밀렵꾼과 광산업자가 굶주린 시선으로 눈독을 들이

---

15 Ann Jensen Adams의 "Seventeenth Century Dutch Landscape Painting," in *Landscape and Power*, W. J. T. Mitchell 편집 (University of Chicago Press, 1994), p. 41에서 재인용.

16 mire는 유럽에서 펜, 보그, 스웜프를 일컫는 총칭이다.

17 G. C. Dargie 외, "Congo Basin Peatlands: Threats and Conservation Priorities, Mitigation and Adaptation Strategies for Global Change" (2018).

고 있다.

잉글랜드의 펜이 배수사업을 통해 경작지로 바뀌었듯이, 북아메리카 중서부의 옥수수 및 밀 곡창지대와 캘리포니아 센트럴 밸리 일부도 과거에는 토탄지대였다. 배수사업이 끝난 뒤부터 이들 지역 역시 메탄과 이산화탄소를 배출하고 있다. (상업비료 덕분에) 작물이 무성하게 자라는 경작지처럼 보이지만, 눈에 보이지 않는 기체가 뭉게뭉게 쏟아져 나오는 중이다. 미국 시골에 소규모 펜과 보그 몇 개가 손상되지 않고 남아있기는 하다. 특히 뉴욕주, 버몬트주, 뉴햄프셔주, 메인주에서 그런 곳이 눈에 띈다. 예전에 나는 보그가 많은 버몬트주 북동부의 한대 저지대 외곽에 산 적이 있다. 잠자리에 열광하는 사람들에게 아주 소중한 장소인 널히건 분지의 옐로 보그에는 수많은 작은 보그들과 가문비나무 스웜프가 서로 연결되어 있다. 이 보그에 갔을 때 나는 물이끼의 매력에 아직 눈을 뜨지 못한 상태였다가 몇 해가 지난 뒤에야 옐로 보그에 수많은 종류의 물이끼(*Sphagnum fimbriatum, S. wulffianum, S. rubellum, S. fuscum, S. magellaicum, S. recurvus, S. flexuosum, S. quinquefarium, S. angustifolium*)가 자란다는 사실을 알게 되었다.[18] 이 물이끼들 중 *S. fuscum*은 서식지가 빈영양 상태

18 E. Thompson, "Natural Communities of Yellow Bogs in Lewis, Bloomfield and Brunswick, Vermont," Technical Report 17, 1989 (Nongame Natural Heritage Program, Vermont Fish and Wildlife Dept.).

임을 알려주는 고전적인 표지 역할을 한다.

보그bog라는 단어는 게일어의 bogach에서 유래했다. 이 단어가 문학에 최초로 사용된 사례는 스코틀랜드 시인 윌리엄 던바가 1505년에 쓴 〈제임스 도그에 관하여〉인 것 같다. 이 시의 주인공인 제임스 도그 또는 도이그는 튜더 왕가 마거릿 왕비의 '옷장wardrobe' 관리자였다.[19] wardrobe는 옷뿐만 아니라 왕족이 소유한 다양한 물건을 넣어두는 곳을 말한다. 던바의 장난스러운 시는 이 관리자의 이름으로 재치 있게 장난을 친 작품으로 여겨졌다.

> 내가 친구처럼 그에게 말을 걸 때,
> 그는 흔한 똥개처럼 짖어댄다,
> 보그에서 소를 쫓아다니는 개
> 부인, 위험한 개를 기르고 계십니다.[20]

서스펜스 작가들에게 보그는 몹시 유용하다. 보그가 두려움을 자극하기 때문이다. 그 어떤 풍경과도 다른 힘을 지니고 있어서, 그곳에 처음 발을 들여놓은 사람은 살아있는 것과 썩어

---

19 ***OED***, vol. II, p. 358. James Dog는 스코틀랜드의 제임스 4세와 마거릿 튜더 왕비의 궁정에서 왕비의 옷장을 관리했다. 시인 William Dunbar도 이 궁정에서 일했다.

20 현대 버전 www.wikizero.com/en/Of_James_Dog.
"When I speak to him friendly-like He barks like a common tyke[that] chases cattle through a bog. Madam, you have a dangerous dog."

가는 것을 가르는 기이하고 과도적인 구역에 서있는 듯한 막연한 느낌을 경험한다. 물결처럼 구불구불 뻗어있는 물이끼 속에 잔잔한 물이 고여있는 검은 웅덩이들이 지하세계로 들어가는 싱크홀처럼 보일 수도 있다.

'팔루스트린 이머전트 습지'라는 과학적인 용어는 코넌 도일의 〈바스커빌 가문의 사냥개〉에서 "한 발만 잘못 디디면… 사람에게든 짐승에게든 죽음을 의미하는"[21] 곳으로 묘사된 그림펜 늪과 결코 어울리지 않는다. 도일은 악명 높은 폭스 토어 늪에 가본 뒤 이 가상의 늪이 나오는 소설을 구상했다. 소설 속에서 왓슨 박사는 박물학자인 스테이플턴 씨에게서 초록색 풀이 자라는 것처럼 보이는 고지대가 보기와는 다른 곳이라는 말을 듣는다. 보그가 점점이 흩어져 있는 고지대 습지인데, 부주의하게 멋대로 돌아다니던 조랑말들이 "무시무시한 비명"과 함께 빨려 들어가는 곳이라는 것이다. H. H. 먼로(일명 사키)는 그의 유명한 단편소설 중 하나인 〈열린 창문〉에서 신경쇠약에 걸린 프램턴 너텔의 정신을 무너뜨리는 데 고지대 습지라는 배경을 이용했다. 보그를 배경으로 나비 연구가의 이야기를 다룬 블라디미르 나보코프의 단편 〈미지의 땅〉도 불길한 분위기를 풍긴다.

---

21 Arthur Conan Doyle, *The Complete Sherlock Holmes*, Vol. I (New York, 2003), p. 623.

그 주위에서 자라는 황금색 습지 갈대가 마치 햇빛을 받아 빛나는 수 많은 칼날 같았다. 여기저기서 길쭉한 웅덩이들이 반짝이고, 그 위로 작은 곤충 무리가 검게 떠있었다… 그레그슨은 그물을 던지고, 아름다운 무늬를 넣어 짠 천 같은 늪 속으로 엉덩이까지 몸을 담갔다. 거대한 산호랑나비 한 마리가 새틴 같은 날개를 한 번 펄럭여 그의 곁을 떠나 갈대 위로, 연한 빛이 은은하게 빛나는 곳으로 날아갔다. 마치 여러 겹으로 접힌 커튼이 희미하게 걸려있는 것 같았다. '절대로 안 돼.' 나는 속으로 되뇌었다. '절대로 안 돼.'

이 나비 연구가는 착란 상태에 빠지지만 순간적으로 현실로 돌아와 이 습지에서 빠져나가는 것이 시급하다는 것을 알아차린다. 비록 "희귀하고 아직 기록되지 않은 식물과 동물의 이름을… 우리가 영영 지어줄 수 없게" 된다 해도.[22]

…늪과 관련된 고색창연한 우스갯소리도 있다. 한 젊은 남자가 늪 근처에서 조심조심 걷다가 늪 중심부와 가까운 곳에 광택이 흐르는 실크해트가 떠있는 것을 발견했다. 그렇게 값비싼 실크해트가 임자 없이 떨어져 있는 것을 그냥 지나칠 사람은 아무도 없는 법이니, 그 청년도 조심스레 그곳으로 다가갔다. 그런데 실크해트를 집어들었더니, 콧수염을 기른 신사가 불행한 표정으로 턱까지 진흙에 잠겨있는 것을 보고 깜짝

22 Vladimir Nabokov, *The Stories of Vladimir Nabokov* (Vintage International, 1995), p. 299.

놀랐다. 청년은 신사를 끌어내려고 했지만 단 1인치도 움직일 수 없었다. "잠깐만 기다리게." 신사가 말했다. "먼저 등자에서 발을 빼야 하니까."

꼼짝도 하지 않는 보그의 시커먼 물과 한데 뭉쳐서 자라는 물이끼의 원시적이고 강렬한 느낌은 진짜처럼 보인다. 고대의 평범한 인류가 여기서 생겨났고, 반드시 여기로 돌아가야 할 것 같다. 한여름 한낮에 햇빛이 수면에서 반짝거리고, 물가의 갈대와 풀은 서로 딱 달라붙은 것처럼 빳빳해지고, 굶주린 벌레들이 공중을 빽빽이 채운 모습을 보면 사람들은 기겁한다. 이른 아침에는 밤사이 차갑게 식은 수면에서 온통 안개가 일면서 시각적인 환상으로 인해 뚜렷이 눈에 띄는 특징들과 색깔이 희미해지기 때문에 풍경이 변질된다.

화가, 조각가, 사진작가,[23] 시인, 고고학자, 이야기꾼, 생태학자, 식물학자가 보그 세계의 매력에 무릎 꿇는다. 이 세계에서 이끼는 자기만의 서식지를 꾸리고, 나무는 감히 뿌리를 내리지 못하고, 포식자인 끈끈이주걱과 낭상엽 식물은 스웜프의 살아있는 고기를 먹고, 참황새풀은 공기통로가 있는 줄기를

---

23 자그마한 점박이 도롱뇽 두 마리가 낭상엽 식물에 붙잡혀 있는 모습을 찍은 Samantha Stephen의 사진을 누가 잊을 수 있을까? www.theguardian.com/environment/gallery/2020/dec/24/nature=photographer-of-the-year-2020-the-winners. 신기술 적외선 카메라는 낭상엽 식물이 밤에 빛을 내는 방식으로 사냥감을 꾀어 잡아먹을 수 있음을 보여준다. 인간은 적외선을 볼 수 없지만, 곤충은 다르다. 넷플릭스 다큐멘터리 *Night on Earth* 중 열대숲을 다룬 회에서 이런 광경을 볼 수 있다.

통해 '숨을 쉰다'. 모든 것이 살짝 흔들리는 것처럼, 눈곱만큼 가라앉았다가 다시 솟는 것처럼 보인다. 물속에서 썩어가는 식물들이 악취를 풍기는 기체를 올려보내면, 그 기체가 만든 신비한 빛이 저녁 안개 속에서 흔들린다. 저 유명한 도깨비불, 즉 *ignis fatuus*(바보의 빛)다. 스윔프 참새는 햇빛 속에서 휙휙 움직인다. 마치 우리 뇌 속의 톱니바퀴 하나가 제멋대로 돌아가는 것 같다. 이토록 심히 낯선 풍경은 하나의 장소라기보다, 자신의 존재가 위험에 처했다는 갑작스러운 충격에 가깝다. 불안감으로 얼룩진 깨달음이다. 그래도 이끼 전문가 로빈 월키머러 같은 사람들이 있다. 그는 신발을 한 짝 잃어버릴 위험을 무릅쓰고, 아름다운 천 같은 습지를 즐거이 철벅철벅 걸어다닌다. 장소의 역사를 연구하는 존 스틸고는 다르다. 그는 습지의 사나운 어둠에 대한 느낌을 다음과 같이 묘사한다.

> 펜, 보그, 호수는 쉽게 알려지지 않는다. 여행자들이 탁 트인 황야를 훑어보는 일은 쉬울지 몰라도, 깊숙한 곳에는 우리가 상상할 수 있는 가장 징그러운 생물만큼이나 무서운 공포가 숨어있다. 그 땅딸막하고 지저분한 공포는 인간의 무의식 속에서 아직도 콧김을 내뿜는 짐승의 화신이다… 습한 황야는 그런 생물을 품고 있다. 그리고 다른 모든 황야와 마찬가지로, 인간이 질서 있게 정리한 땅을 압도해 버리겠다고 항상 위협한다. 황야는 비이성 또는 광기가 구현된 공간이다. 그리스도교, 사회, 농업의 덧없음을 강조하는 수많은 민담을 채운 비인간적 무질서

가 구현된 공간이다.[24]

기후위기가 점점 피해를 입히기 시작하고 지구상에 가장 많은 포유류(인간 78억 명)의 수가 계속 늘어나는 현재, 계속 확대되기만 하는 인간의 작업과 광대한 땅에서 이루어지는 기계화 농경이 황야를 파괴하고 계속 새로운 미생물을 인간 사회로 가져온 주범이라는 사실을 일부 사람들이 인정하고 있다. 지난 50년 동안 조류, 포유류, 양서류의 절반 이상이 점점 사라져 기억 속의 존재가 되거나 멸종이라는 절벽 가장자리에서 휘청거리게 되었다.[25] 자연을 맹목적으로 약탈하다가 미쳐버린 것은 바로 우리 인간들인 듯하다. 수천 년 동안 고립되어 살아온 생물들을 종교, 사회, 농경으로 방해한 것도 인간이고, 외딴 곳에서 살아가던 동물과 그들의 몸속 바이러스를 시장과 부엌으로 가져온 것도 인간이다. 인간의 무의식 속에서 콧김을 내뿜는다는 스틸고의 짐승이 이제는 우리 옆에 있다. 우리 손으로 불러들였기 때문에.

습지를 연구하는 사람들은 얕은 물속으로 걸어 들어가는 단계를 금방 통과해서 복잡한 이름과 유동적인 의미가 숨어있는 깊은 곳으로 나아간다. '강수영양성의ombrotrophic(소나기를 뜻

---

24 John R. Stilgoe, *Common Landscape of America*, 1580 to 1845 (Yale University Press, 1982), p. 11.

25 Patrick Greenfield, "Humans Exploiting and Destroying Nature on Unprecedented Scale," *Guardian*, 2020년 9월 10일자.

하는 그리스어가 어원)', '빈영양의oligotrophic(영양분이 부족하다는 뜻)', '스트링 플라크 펜string-flark fen('flark'는 보그 안의 움푹한 곳을 뜻한다—옮긴이)', '상열霜裂 습지frost-crack mires' 같은 긴 단어들이 있는 곳이다.[26] 언어의 마법사들이 빗나간 번역을 또 다른 빗나간 번역으로 갈아 끼운다. 《유럽의 습지와 토탄지대》 편집자들은 다양한 언어를 사용하는 134명의 원고를 검토할 때 용어의 의미가 서로 맞물리지 않는 것이 문제였다고 말한다. 기후변화로 인해 그들은 책에 "최근에 물이 빠진 호수, 초목이 사라진 습지, 빙하로 인해 새로 드러난 습지"[27] 같은 새로운 습지들을 포함시켜야 했다. 빙하와 얼음이 녹고, 바다와 지하수의 수위가 상승하면서, 새로운 후미, 강, 호수, 펜이 나타날 것이고, 궁극적으로는 광활한 보그와 스웜프가 생길 것이다.

물, 땅, 식물의 조합은 계속 바뀐다. 이 새로운 조합들을 식별해서 기록하는 것은 습지 연구자들의 임무다. 계속해서 바뀌는 습지의 정의에는 마른땅에서 젖은 땅으로 변하는 중인 지역도 포함된다. 이런 곳에 경계가 드러나 있기 때문이다. 세월의 관점에서 보면 땅은 눈에 보이지 않을 만큼 아주 느리지만 끊임없이 유동하는 조각보와 같다. 수백 년, 수천 년이 보그에서는 몇 시간, 며칠이다.

---

26 Hans Joosten, Franziska Tanneberger, Asbjorn Moen 편집, *Mires and Peatlands of Europe*, 앞의 책.

27 같은 책, p. 65.

북부 르네상스의 위대한 화가인 알브레히트 뒤러는 자연과 풍경에 깊은 관심을 갖고 있었다. 1503년에 그가 내놓은 훌륭한 수채화 〈풀밭 한 조각〉은 지난 500년 동안 보는 사람들에게 기쁨을 안겨주었다. 이보다는 덜 훌륭하지만 견문을 넓혀주는 1497년작 수채화 〈작은 연못〉은 그가 이탈리아에 처음 다녀와서[28] 그린 것이다. 그는 예술가를 대하는 그곳 분위기가 뉘른베르크에 비해 더 친절하다는 것을 깨닫고 평생 친구이자 인문학자인 빌발트 피르크하이머에게 쓴 편지에서 다음과 같이 말했다. "여기서는 내가 신사인데… 고향에서는 부랑자야."[29] 〈작은 연못〉은 그가 그린 최초의 자연 습지 그림으로 알려져 있다. 뒤러는 펜이 보그로 변해가는 단계를 포착한 이 그림에서 "습한 가장자리의 '라그lagg' 구역과 둥글게 솟은 곳이 보그의 또렷한 구성요소"임을 보여준다. '라그' 구역은 광물질을 함유한 외곽의 흙과 보그 사이, 갈대가 자라는 펜의 잔재를 뜻한다. 나보코프의 소설에서 황금빛 갈대가 자라던 곳이다.

물이끼

영양분이 별로 없고 산성을 띤 물은

28 같은 책, p. 8. 뒤러가 여행을 다녀온 뒤, 여러 세대가 흐르는 동안 화가들에게는 이탈리아 여행이 의무가 되었다.

29 Robert Hughes, *Goya* (Vintage, 2004), p. 35.

물이끼에게 더할 나위 없이 편안한 곳이다. 물이끼는 주로 북반구에서 자라는데, 스발바르제도 근처인 북위 81도가 북방한계선이다. 노스캐롤라이나와 버지니아에 걸쳐 있는 그레이트 디즈멀 스웜프에 대해 논평한 적이 있는 초창기 선태蘚苔학자 중에 최초로 주목받은 보그 권위자 레오 레크루(1806~1889)가 있다.[30] 스위스 태생인 그는 유명한 과학자인 루이 아가시의 요청으로 북아메리카에 왔다. 레크루가 뇌샤텔에서 이끼와 보그 식물을 연구하던 시절부터 두 사람은 서로 아는 사이였다.

레크루의 인생은 어렸을 때 식물채집을 나갔다가 높은 절벽에서 떨어진 것을 시작으로 고통스러운 사건의 연속이었다. 가족들이 절벽 아래에서 그를 발견했을 때는 죽은 것처럼 보였으나 그렇지는 않았다. 혼수상태로 몇 주를 보내고 살아난 그는 다시 식물 연구를 시작했다. 그의 가장 강렬한 관심사는 토탄 보그였다. 물이끼가 낀 보그의 깊은 곳을 탐색하기 위해 일종의 토탄 굴착도구를 발명해서 토탄 형성과정을 처음으로 알아낸 사람도 그였다. 뇌샤텔 대학교가 그의 주장을 받아들이지 않자, 그는 회의적인 과학자들 및 루이 아가시와 함께 직접 보그로 나가서 자신의 주장을 증명했다. 정부가 두카트 금화 20개를 걸고 토탄 보그에 대한 에세이를 공모하자, 레크루는 〈쥐라의 토탄 찾기〉라는 에세이로 쉽사리 우승했다. 선태

30 William C. Darrah, "Leo Lesquereux," *Botanical Museum Leaflets* 2, no. 10 (Harvard University, 1934), pp. 113~119, www.jstor.org/stable/41762583.

학자로서 그의 명성을 확고히 다져준 이 글은 그의 생전에 토탄에 대한 가장 권위 있는 작품으로 인정받았다. 윌리엄 다라는 1934년에 쓴 글에서 레크루가 "고식물학자로서 경이적인 명성"을 누리고 있다고 언급했다.

그가 당시 어떤 행복과 확신을 느꼈는지는 몰라도, 곧 강력한 힘이 그를 후려쳤다. 병으로 인해 청각과 시각에 문제가 생기는 바람에 그는 파리로 가서 치료를 받아야 했다. 그의 친구인 J. P. 레슬리는 그의 추모기사에서 그가 파리에서 받은 치료에 대해 다음과 같이 썼다.

> 유명한 안과의사 겸… 그 당시 그 대도시 의사들 사이에 만연한 사납고 무신경한 태도로… 그의 유스타키오관이 터졌고, 거기에 뇌 감염까지 발생해 시각을 위협했다. 집으로 돌아왔을 때 그는 청각을 완전히 상실한 상태였다… 죽는 날까지.[31]

그는 입술을 읽어 독일어, 프랑스어, 영어를 이해하는 놀라운 능력을 익혀 청각을 대신했으며, 토탄 보그 연구를 계속하면서 '사랑스러운 이끼'에 특별한 관심을 보였다. 당시 오하이오에서 부유한 선태학자 W. S. 설리번트와 함께 연구 중이던 아가시는 레크루에게 "학문적인 자리"를 약속하면서, 1848년

31 J. P. Lesley, "Obituary Notice of Leo Lesquereux," *Proceedings of the American Philosophical Society* 28, no. 132 (1890), pp. 66.

왕정에 대한 반란이 일어난 뒤 스위스에서 줄지어 도망치는 과학자들의 대열에 합류하라고 권유했다.[32] 그러나 막상 레크루가 오하이오에 와보니, 아가시는 이끼를 분류하고 식물학적으로 새로운 사실들을 발견한 그의 연구에 대가를 거의 또는 전혀 지불하지 않았다. 결국 레크루는 아내 및 아들들과 함께 전통적인 가업인 시계제작으로 돌아가는 수밖에 없었다. 레슬리의 글에 따르면, 1853년 그레이트 디즈멀 스웜프를 찾았을 때 레크루는 "드러먼드 호수를 유럽의 상승형 보그와 비교했다… 세월이 흐른 뒤 다른 사람들도 이 가설을 지지했다". 드러먼드 호수는 잘 알아보기 힘들 만큼 완만한 능선에 있는 얕은 물, 즉 산중턱의 보그다.[33]

레크루는 1889년에 세상을 떠났다. 다라는 운명이 그의 뺨을 한 번 더 내리쳤다고 썼다. 그의 세 권짜리 저서 《펜실베이니아의 석탄 식물상》과 맞먹을 만큼 비할 데 없이 귀한 표본들이 "국립 박물관"에 보관되었다고 썼는데, 아마도 1846년에 설립된 스미소니언박물관을 말한 것 같다. 하지만 다라의 글에 따르면, 이 표본들은 "사라지거나, 유출되거나, 도난당하거나, 모종의 경로를 통해 유럽으로 보내졌다".[34]

---

32 Lesley, "Obituary," pp. 65~70. 레크루의 편지 중 지금까지 남아있는 것이 많다. *Correspondence of Leo Lesquereux and G. W. Clinton*, P. M. Eckel 편집, *Res Botanica* (Missouri Botanical Garden), p. 33 참조.

33 John V. Dennis, *The Great Cypress Swamps* (Louisiana State University Press, 1988), p. 50.

34 Darrah, 앞의 책, p. 116.

선태학자 로빈 월 키머러는 이렇게 단언했다. "식물 자체의 놀라운 속성으로 주변의 물리적인 환경을 물이끼보다 더 철저히 좌우할 수 있는 식물은 크고 작은 것을 막론하고 전혀 알지 못한다."[35] 물이끼는 지구의 유기탄소 중 3분의 1을 품고 있는 토탄지대 생태계에서 근본이 되는 식물이다. 관리 기능이 몹시 뛰어난 물이끼는 한때 지상의 넓은 지역을 뒤덮고 서서히 번식하다 죽고, 번식하다 죽기를 반복하며 계속 층층이 쌓여 바위와 나무줄기, 새둥지와 동물의 뼈를 가두고 이산화탄소를 빨아들였다. 그러나 그들이 보그를 통제한 방법은 단순히 식물을 널리 번식시키는 데서 끝나지 않는다. 물이끼에는 두 종류의 세포가 있다. 엽록소가 있어서 광합성을 하는 평범한 세포와, 작은 구멍으로 물을 흡수하는 통 모양의 레토르트 세포다. 고향인 보그에 가뭄이 닥치면, 저장에 특화된 이 투명한 세포들이 물을 배출해 보그의 습기와 생명을 유지해 줄 수 있다. 한동안은.

물이끼는 아마 세상을 정복하고 싶겠지만, 키가 작아서 불리하다. 키 큰 식물들의 꽃가루와 포자가 더 쉽게 바람에 올라타기 때문이다. 그러나 무관속 식물인 이끼도 환경에 적응했다. 지면 가까운 곳의 공기는 잠잠하다. 얇은 판자 모양의 영역이다. 물이끼에서 약 10센티미터 상공에서는 공기가 요동친

35 Robin Wall Kimmerer, *Gathering Moss: A Natural and Cultural History of Mosses* (Oregon State University Press, 2003), p. 112.

다. 물이끼도 이것을 안다. 이 이동구역에 반드시 포자를 밀어 넣어야 한다. 따라서 둥근 공 모양의 포자 캡슐에 햇빛이 닿으면, 물이끼는 공을 쥐어짜서 원통형으로 만든다. 이렇게 압박을 받은 캡슐이 계속 햇빛을 받으면 내부 압력이 점점 커져서 결국 캡슐이 터지고, 그 바람에 포자가 여러 줄의 고리 모양으로 소용돌이치며 버섯구름 모양으로 퍼져나온다.[36] 웬만한 탄환보다 높은 이 고리들이 포자를 지나가는 바람길 안에 들여놓는다. 대부분의 포자는 고작해야 몇 미터를 갈 뿐이지만, 바다를 건너는 장거리 기류에 탑승해 새로운 땅으로 가는 포자도 있다.[37]

마른땅에서 자라는 평범한 식물(풀, 덤불과 나무 등)은 싹을 틔우고 자라서 이산화탄소를 흡수한다. 그러다 죽어서 썩어갈 때는 이산화탄소를 다시 공기 중으로 배출한다. 그러나 보그의 수면 아래에 사는 물이끼는 쓰러져서 썩는 법이 없다. 누가 손대지 않고 내버려 두기만 하면, 물이끼는 이산화탄소와 메탄을 죄수처럼 붙잡고 있다. 100년 전 배수사업을 시행해서 경작지로 만들어 곡식을 심은 보그와 펜은 지금도 메탄과 이산화탄소를 배출한다. 영구동토가 녹을 때도 눈에 보이지는

---

36 Dwight L. Whitaker와 Joan Edwards, "Sphagnum Moss Disperse Spores with Vortex Rings," *Science* 329 (2010년 7월 23일자), p. 406.

37 J. M. Clime, "Adaptive Strategies: Travelling the Distance to Success," Ch. 4~8 in *Bryophyte Ecology*, Vol. 1: *Physiological Ecology*. 전자책 제작후원 Michigan Technological University와 International Association of Bryologists. 최신 업데이트 2017년 3월 31일, digitalcommons.mtu.edu/bryophyte-ecology/.

않지만 유해한 이 기체들이 배출된다.[38]

이끼로 뒤덮인 보그는 마치 구불구불하게 펼쳐진 평원 같다. 나보코프가 화려한 무늬를 넣은 천 같다고 말한 그 풍경이다. 아마도 열다섯 종이나 스무 종쯤 되는 물이끼 머리 수천 개가 물 위에 뜬 조각보에 우글우글 모여있다. 조류와 양서류 등 곤충을 먹이로 삼고 살아가는 생물들에게 이런 보그는 먹이를 구할 수 있는 환상적인 장소다. 순록, 큰사슴, 사향소 등 포유류는 물을 섭취하기 위해 물이끼를 먹는다. 세상에는 수백 년을 사는 식물도 있지만, 지구 기온이 점점 높아지는 상황에서 물이끼가 잘 살아남을 수 있을지는 모르겠다. 따뜻한 온도에 민감한 식물이기 때문이다.

더벅머리처럼 생긴 물이끼 머리는 두상 꽃차례로 이 식물에서 살아있는 부분이다. 수면 아래에서는 (배배 꼬인 철사처럼 생긴) 줄기가 아래로, 아래로 뻗어있다. 줄기에는 두 종류의 가지가 있는데, 옆으로 뻗어나가 무게를 지탱하는 가지와 아래로 늘어져 물을 빨아올리는 가지다. 이파리에는 서로 다른 종류의 세포가 있다. 엽록소를 함유한 초록색 세포는 크기가 더 크고 이미 죽어버린 투명 세포 사이에 흩어져서 햇볕을 에너지로 바꾼다. 물이끼의 공작원 역할을 하는 죽은 세포들은 각각 제 무게의 스무 배나 되는 물을 품을 수 있다. 물이끼의 죽

---

38 Carolyn Kormann, "Annals of a Warming Planet," *The New Yorker*, 2020년 6월 27일자.

은 부분은 이렇게 물속에서 몇 년 동안 계속 존재하면서 조용히 부피를 늘린다. 그동안 물 위의 살아있는 부분과 그 주위의 다른 식물 및 물의 무게에 아랫부분이 눌려 단단히 압축된다. 이끼의 위층이 영역을 넓히는 동안, 수면 아래의 늙은 부분은 계속 노화하면서 더 깊이, 더 조밀하게 다져진다. 이렇게 수백 년이 흐르면 이것이 토탄으로 변한다. 보그가 토탄으로 변하는 데에는 때로 1만 년이 걸리는데, 사람은 기계로 겨우 몇 주 만에 넓은 상층부를 벗겨내고 원시시대의 돌이 깔려있는 곳까지 내려갈 수 있다.

물이끼 안에는 일종의 동물원이 형성되어 있다. 수천 마리의 미생물이 상호작용을 하면서 우글우글 살아가는 곳이다. 생물학 수업시간에 본 적이 있어서 친숙한 윤충, 편모충, 아메바, 그리고 사랑스러운 '물곰' 완보류도 있지만, 시아노박테리아, 다양한 벌레, 태양의 이름을 딴 태양충도 있다. 아일랜드 토탄지대 보존위원회는 물이끼 하나에서 30만 마리가 넘는 미생물이 나왔다고 보고했다. 이 미생물들은 잠자리, 붉은지렁이, 물방개, 물벌레, 개구리, 날도래의 사냥감이다. 심지어 모기와 각다귀도 미생물을 잡아먹는다. 한 물이끼 전문가가 작은 언덕 모양의 보그 1제곱미터 안에서 물이끼 개체수를 헤아려 본 결과 무려 5만 개나 되었다. 그렇다면 1제곱미터마다 최대 15억 마리의 생명이 번성하고 있다는 뜻이다. 기계를 움직여 보그의 물을 뺄 계획을 세우고 있다면, 이 점을 생각하고 계획에 저항하기 바란다.

보그 외곽의 덤불은 물이끼 매트 아래로 뿌리를 뻗어 한동안 물이끼를 지탱해 주지만, 결국은 죽는다. 물이끼가 그들을 붙잡아 산성을 띤 차가운 물속으로 끌어내리기 때문이다. 물이끼가 산을 배출하면, 보그 외곽의 물 산성도가 때로 가정용 식초 수준으로 높아진다. 수백 년 전부터 토탄지대를 파면 나오는 인간의 시체에 대한 관심이 20세기 들어 점점 높아지면서, 상승형 보그의 보존능력에 대한 과학적인 조사가 시행되었다. 과거 사람들은 산소부족, 산성, 물이끼에 함유된 스파그놀이라는 성분(항균성 물질)이 토탄 속의 시체를 수천 년 동안 보존해 주었다고 믿었다. 그러나 최근에는 다당류 스파그난이 아주 중요한 보존제임이 밝혀졌다.[39] 이 물질은 또한 뼈에서 칼슘을 빼내, 결국 뼈가 물러지다가 부서지게 만드는 역할도 한다.

보그가 많고 습한 유럽 북부와 북아메리카를 여행하는 사람들은 이끼, 히스, 황새풀, 끈끈이주걱, 통발속이 모자이크처럼 어우러진 풍경을 알고 있다. 존 콜과 브리오니 콜은 이렇게 말했다. "…이끼에 찍힌 발자국은 1년 또는 그 이상 시간이 흐른 뒤에도 여전히 형태가 남아있을 것이라고 한다."[40] 나는 펠릭

---

39 T. Stalheim 외, "Sphagnan: A Pectin-Like Polymer Isolated from Sphgnum Moss Can Inhibit the Growth of Some Typical Food Spoilage and Food Poisoning Bacteria by Lowering the pH," *Journal of Applied Microbiology* 106 (3).

40 John과 Bryony Coles, *People of the Wetlands Bogs: Bodies and Lake Dwellers* (Thames and Hudson, 1989) p. 152.

스-앙투안 사바르가 1943년에 발표한 《벌목지대》의 한 구절을 생각했다.[41] 1930년대의 대공황 때 캐나다 사람들은 큰 어려움을 겪었다. 그래서 도시 빈민들을 인구가 적은 시골로 이주시켜 밭을 일구며 자급자족하게 만들려는 시도가 여러 번 있었다. 1934년 당시 사제이던 사바르(나중에는 소설과 시도 발표했다)는 각자 집안의 가장인 남자 열 명을 데리고 카누를 이용해 북쪽의 애비티비로 갔다. 거기에 새로운 교구를 만들기 위해서였다. 구하기 어려운 그의 책 《벌목지대》(농경지를 만들기 위해 숲을 베어낸 곳을 뜻하는 제목이다)에는 그 여행과 그때의 고난이 적혀있다. 어느 뜨거운 한낮에 일행은 휴식을 취하려고 물가로 올라갔다. 사바르 신부가 졸음에 겨워 비몽사몽 상태로 커다란 초록색 파리 한 마리를 바라보고 있는데 갑자기 숲에서 일행 중 한 명이 "시체다!"라고 외치는 소리가 들렸다. 사바르는 시신을 살핀 뒤, 붉은 수염을 기른 젊은 덫 사냥꾼이 지난겨울 탈진해서 바닥에 엎어져 그대로 잠든 것 같다고 추측했다. 시신의 팔은 쭉 뻗어있고, 얼굴은 땅바닥의 움푹한 곳에 닿아있었다. "Le visage a laissé son empreinte(얼굴 자국이 남았다—옮긴이)." 시신의 얼굴 자국을 보존해 준 것이 물이끼라고 사바르가 콕 집어 말한 것은 아니지만, 그곳의 섬과 호숫가가 풀밭이라기보다는 이끼가 자라는 보그에 더 가까

41 Félix-Antoine Savard, *L'Abatis* (Fides, Montreal, 1934), p. 92.

웠으므로 물이끼였을 가능성이 높다.

북반구에서는 물이끼를 방부제나 진정제로 사용하는 방법이 아주 오래전부터 알려져 있었다. 북아메리카 서해안의 원주민들은 물이끼를 기저귀로 사용했고, 제1차 세계대전 때 전선의 응급치료소는 물이끼를 붕대 재료로 사용했다. 스칸디나비아 국가들에서는 지금도 생선과 뿌리채소를 신선하게 보관하는 데 물이끼를 사용하고 있다. 심지어 플랜 오브라이언이 1939년에 발표한 고전적인 작품 《스윔투버즈에서》에도 물이끼가 등장한다. 주목朱木에 올라앉아 시를 읊던 미친 시인 스위니가 아래로 떨어지는 장면이다. "…울부짖는 검은 유성이 초록색 구름을 뚫고 맹렬히 떨어진다. 인간이 쿡쿡 찔러댄다." 아래에 있던 사람들은 그의 심한 상처를 살펴보고, 그 자리에 있던 푸카는 이렇게 조언한다. "사람 옆구리에 구멍이 뚫려 피가 흐를 때 치료제는 하나뿐이야. 이끼. 이끼를 잔뜩 채워 넣으면 저 사람이 피를 흘려 죽을 일은 없을 거야."[42]

보그에 사는 수십 가지 식물, 새, 동물, 곤충의 이름에 '보그'라는 말이 붙어있다. 보그 이끼(물이끼—옮긴이), 보그 베리, 보그 블리터(알락해오라기), 보그 랜더(아일랜드인—옮긴이), 보그 라틴(엉터리 라틴어, 또는 아일랜드 땜장이들의 은어—옮긴이), 보그 버터. 보그 버터는 선사시대에 소젖으로 만든 버터를 작

42 Flann O'Brien, *At Swim-Two-Birds* (Signet Classic, 1976), p. 179.

은 나무통에 담아 보그에 놓아둔 것이다. 보존을 위해서일 수도 있고, 희생 제물의 일부일 수도 있다. 세월이 흐르면서 점점 연한 색의 왁스처럼 변한 이 물질에는 '버터라이트butyrellite'라는 학술적인 이름도 붙어있다. 2천 년 전까지 거슬러 올라가는, 엄청나게 오래된 보그 버터가 아일랜드의 토탄 보그에서 발굴된 적이 있다. 보그 버터는 소금기가 전혀 없고, 자극적인 맛이 난다고 한다. 틀림없이 자주 접해야만 익숙해지는 맛이었을 것이다. 아닐 수도 있고. 통에 담겨 기름기로 번들거리는 이 버터가 지금은 알 수 없는 신들에게 바친 공물이었는지도 모른다. 베이난트 판 데르 산던은 이 오래된 버터 외에도 보그에서 발견된 물건들을 다음과 같이 열거한다. "…돌도끼와 청동도끼, 청동검과 방패, 쇠미늘갑옷, 흙 · 청동 · 은으로 만든 그릇, 청동과 황금 장식, 청동 악기, 목제 수레와 수레 일부, 목제 농기구, 목제 버터 통, 동전, 의류, 둥글게 뭉쳐진 양모, 목선, 사람의 땋은 머리카락, 인간을 본뜬 형태와 동물 또는 동물의 신체 일부를 나무로 조각한 것."[43]

여기서 판 데르 산던이 언급한, 인간을 본뜬 목상은 1만2천500년 전의 독특한 유물인 시기르 우상일 가능성이 높다. 지금까지 발견된 이동형(휴대가 가능한) 목공예품 중 가장 오래된 시기르 우상은 영거 드라이아스 말기에 수렵-채집으로 살

43 Wijnand van der Sanden, *Through Nature to Eternity: The Bog Bodies of Northwest Europe* (Amsterdam, 1996), p. 170.

아가던 사람들이 만든 것이다. 빙하기에서 중석기시대 초기로 넘어가면서 가뭄과 추위가 닥친 그 길고 고통스러운 시기에 얼음이 녹은 물이 북대서양으로 마구 쏟아져 들어왔다. 버드나무, 자작나무, 소나무로 이루어진 숲이 먼저 나타났다가 나중에 공기가 따뜻해지면서 느릅나무, 떡갈나무, 오리나무 숲으로 바뀌었다. 추위가 이어지던 수백 년 동안 덜덜 떨면서 굶주리던 중석기인들은 그런 환경에서 끈질기게 살아남았는데도 최근까지는 고고학자들의 관심 목록에서 아래쪽에 위치하고 있었다. 또한 그들은 나중에 나타난 사람들, 즉 농업을 발전시키고 문명을 혁신했다고 알려진 신석기인보다 열등하다고 여겨졌다. 그런데 도거랜드가 발견되면서 중석기시대 사람들과 유적에 대한 관심이 부풀어 올랐다. 지금은 관심이 더욱 늘어난 상태다. 우리와 중석기인 사이에 공통점이 있기 때문이다. 그들이 겪은 중대한 기후변화는 지금 우리가 막 겪기 시작한 기후변화와 비슷하다. 또한 시기르 우상이 발견되면서, 우랄 지방과 그보다 더 동쪽 지역에서 중석기인의 흔적이 새로 발견될 가능성이 열렸다. 오랫동안 무시당하던 이 지역에 중석기 유적이 가득 있을지도 모른다. 시기르 우상은 구석기시대에 초점을 맞춘 사람들의 시야를 유럽에서 우랄 지방과 유라시아로 옮겨놓는 역할도 한다. 선사시대와 당시 사람들을 바라보는 우리 시각을 바꿔놓고 있는 것이다. 예전에는 선사시대 사람들이 예술작품을 만들지 않았을 것이라고 생각했지만, 실제로는 만들지 않았는가. 바르셀로나 대학교에서 고인류학을 연구하는 주앙 질앙은 "증거가 없다는 것이 곧 부재의 증거는 아니다"라고 말했다고 한다. 나는 이 말을 듣고 세상을 떠난 풍경 예술가 로버트 스미슨의 바위 작품을 떠올렸다. 그는 먼저 원래 위치에 있는 바위 사진을 찍은 뒤, 바위를 들어내고 그 자리에 남은 구덩이를 다시 사진으로 찍었다. 그리고 그 구덩이를 '부재의 존재감'[44]이라고 불렀다. 사바르가 물이끼에 찍힌 사람의 얼굴 자국을 본 것이나 시기르 우상이 인류 역사와 예술에서 차지하는 위치가 바로 그런 예다.

사라진 조각들(부서졌다)까지 더해서 높이가 약 5미터인 시기르 우상은 알렉세이 스텐보크-페르모르 백작이 보그에서 황금을 캐려고 고용한 일꾼들이 1890년 키로프그라드 근처 시기르 토탄 보그에서 발견했다.[45] (이 보그는 선사시대 유물과 조각상이 많이 나온 곳으로 유명해졌다.) 일꾼들은 모양이 새겨진 나무 조각들을 백작에게 가져왔고, 백작은 그것을 인근 박물관에 보냈다. 그러나 혁명(1917~1923) 때 백작도, 처음 발견된 이 조각상 하부 조각들도 모두 사라져 버렸다.

이 조각상의 재료가 된 낙엽송에는 이 나무가 159세였음을 보여주는 나이테가 있다. 선사시대 사람들은 이 나무를 반으

---

44 Franz Lidz, "How the World's Oldest Wooden Sculpture Is Reshaping Prehistory," *New York Times*, www.nytimes.com/2021/03/22/science/archaeology-shigir-idol.html.

45 같은 자료.

로 쪼갠 뒤, 날카로운 석기로 조각했다. 기념비처럼 생긴 조각상에는 추상적인 기호들이 새겨져 있다. 사선과 지그재그 디자인은 튀르키예의 신석기시대 신전 유적인 괴베클리 테페에서 발견된 무늬와 조금 비슷하다. 이 기념비에 새겨진 아홉 개의 머리 중 가장 위에 있는 것은 입을 벌린 채 다소 위협적인 표정을 하고 있다. 니더작센 문화유산부의 연구 담당 수장으로 시기르 우상을 연구해 온 토마스 테르베르거 박사는 이렇게 말했다. "그것이 비명을 지르는 표정이든 소리치는 표정이든 노래하는 표정이든 상관없이, 그 얼굴은 권위를 보여준다. 어쩌면 악의적인 권위일 수도 있다." 학자들은 세월을 사이에 두고 괴베클리 테페와 연결되었을 가능성 외에, 그보다 수천 년 뒤에 만들어진 캐나다와 아메리카 북서부 태평양 해안의 토템폴과도 관련되었을 가능성을 생각하는 중이다. 우리가 아직 답을 찾지 못한 매혹적인 질문들이 많고 많은 것 같다는 느낌이 든다.

보그 시신

유럽 북부의 보그에서 토탄을 채취하는 사람들과 습지 고고학자들이 발견한 것은 수천 개의 나무 통행로만이 아니었다. 보그 인근에서 그들은 동전, 장신구, 단지, 각종 도구, 잘 보존된 인간 시신도 발견했다. 대부분의 시신은 청동기와 철기시대 사람들이었다. 남자, 여자, 아이, 장애인, 건강한 사람, 평민, 왕 등 구성도 다양했다. 이들이 바로 신비롭고 유명한 보그 시신이다.

수백 년 전부터 사람들은 그 고대인들이 죽임을 당한 뒤 보그에 묻힌 이유를 찾아보았다. 대부분의 사람들은 폭력적인 죽음을 맞았고, 다양한 수단(독+교살+물에 빠뜨리기+목매달기)으로 거듭 죽임을 당한 사람도 적지 않았다. 이렇게 고의로 지나친 살상을 한 것이 어쩌면 모종의 의식과 관련된 것 같기도 했다. 베이난트 판 데르 산던을 비롯한 여러 사람들은 "각각 따로 발견된 많은 보그 시신들을 인간 희생제물로 봐야 할 것이다. 보그처럼 물이 많은 환경에서 사람들이 초자연 세계와의 접촉을 시도했고, 그 접촉에 인장을 찍듯이 단순한 물건이나 가치 있는 물건을 그곳에 놓아두었음이 분명하다는… 주장이… 중요하다"고 믿고 있다. 현대에도 보그는 시신을 가져다 두는 장소로 이용되는 것 같다. 미국 범죄조직들은 시체를 버리는 장소로 뉴저지의 습지를 선호했다. 마피아에 맞선 노조 지도자 지미 호파의 시신도 여기에 포함된다. 닐 조던의 가슴 아픈 영화 〈크라잉 게임〉은 프랭크 오코너가 1931년에 발표한 유명한 단편소설 〈네이션의 손님들〉을 각색한 것이다. 소설에서 아일랜드인 주인공들은 영국인 인질 두 명을 쏘아 죽이라는 명령을 받는다. 그동안 함께 식사하고 카드게임을 하며 '단짝' 같은 사이가 된 사람들이지만, 영국 정부가 아일랜드인 죄

수 네 명을 쏘아 죽인 것이 문제였다. 그들에게는 또한 "헛간에서 도구를 몇 개 챙겨 와서 보그의 저쪽 편 끝에 구멍을 파라"는 명령도 떨어진다. 고통스럽고 숙명적인 장면이 연출되고, 두 영국인은 총살된다. 오코너는 아마도 고골의 〈외투〉에서 영감을 얻었을 것 같은 강렬한 문장으로 작품을 끝맺는다. "그 뒤로 무슨 일이 생기든 나는 그때와 같은 감정을 두 번 다시 느낀 적이 없다."[46] 보그 시신은 과거에도 지금도 모종의 의식 같은 의미를 지닌다.

연구자인 브리짓 브레넌은 선사시대의 보그 시신들을 하나의 집단으로 봤을 때 나타나는 열 가지 특징을 열거한다.[47] 과도한 폭력, 밧줄이나 교수대로 인한 질식, 환각제 섭취, 신체적 기형 또는 다른 종류의 신체적 결함, 굳은살이 없는 손과 잘 손질된 손톱, 전라 또는 반라 상태, 가죽이나 양모나 모피로 만든 망토, 허리띠, 모자, 팔장식, 머리가 강조됨, 말뚝이나 버들가지나 울타리나 끈으로 신체 구속. 그러나 그들을 하나의 집단으로 보기보다는 신에게 바쳐진 개인으로 볼 때가 대부분이다. 샤머니즘이 의식에 영향을 미쳤을 가능성이 높다고 언급되는 경우도 있다.[48] 샤먼은 일상적인 세계를 감히 입에

---

46 Frank O'Connor, *Collected Stories* (Vintage, 1982), pp. 8, 12.

47 Bridget Brennan, "The Influence of Shamanistic Practice on the Deposition of Prehistoric Human Remains in Bogs," 논문, 2014, p. 2. Wijnand van der Sanden은 중세 아일랜드와 웨일스 이야기에서 발견되는 '세 번의 죽음 모티브'를 지적한다. Van der Sanden, *Through Nature to Eternity*, 앞의 책, p. 175.

48 같은 책.

담을 수 없는 초자연적인 세계와 연결해 주는 중개인이다. 이 단어의 어원인 saman은 시베리아 퉁구스어로 '황홀경에 빠진 자'를 뜻한다. 샤먼은 춤, 수면결핍, 노래, 저산소증, 북 연주, 굶주림, 환각제 등을 통해 다른 세계와의 접촉을 활성화할 수 있었다. 로마인들은 인신공양을 그리 좋아하지 않았기 때문에, 서기 60년경 브리튼을 정복했을 때 이 풍습을 불법화했다.

부패 과정을 정지시켜 인간의 시신을 보존하는 보그에서는 머리카락, 수염, 반짝거리는 손톱도 고스란히 보존되었다. 심지어 보그에 잠긴 지 수천 년이 지난 시신의 지문조차 살아있어서 여러 보그 시신의 지문을 채취할 수 있었다. 스칸디나비아 문학의 권위자인 커린 샌더스는 저서 《보그의 시신과 고고학적 상상》에서 보존능력이라는 측면에서 보그는 "최초의 카메라 또는 사진 시대 이전의 천연 암실 같은 곳"[49]이라고 말한다.

보그뿐만 아니라 펜에도 시신이 버려졌다. 판 데르 산던은 펜에서 발견되는 시신들의 경우 연조직은 부패하고 뼈만 남아있다고 지적한다. 보그에서는 연조직이 보존되고, 뼈는 스파그난에 의해 분해된다.[50] 따라서 수천 년 동안 보그에 잠겨있던 시신들은 대부분 어두운 갈색 가죽가방과 같다.

오래전 나는 덴마크의 고고학자 P. V. 글롭(1911~1985)이

---

49 Karin Sanders, *Bodies in the Bog and the Archaeological Imagination* (University of Chicago Press, 2009).

50 Van der Sanden, *Through Nature to Eternity*, 앞의 책, p. 16.

1969년에 발표한 유명한 저서 《보그의 사람들》의 영어 번역본을 찾을 수 없어서 대신 프랑스어 번역본인 《Les hommes des tourbières》(토탄지대의 사람들—옮긴이)를 구입했다. 잘생긴 톨룬드 맨과 그의 완벽한 손발, 압력에 짜부라진 그라우발레 맨의 머리, 세련된 가죽신발, 보그에서 색이 변한 두개골에 복잡한 슈바벤식 매듭으로 묶여있는 머리카락을 그린 유명한 삽화들이 있었다.

그러나 글롭의 책을 만나기 오래전에 나는 이미 고대 사람들에게 강렬한 관심을 갖고 있었다. 나는 잠들기 전에 어머니가 읽어주던 이야기 속 단어들의 글자를 하나둘씩 익히면서 글을 배웠다. 그렇게 해서 내 인생은 책과 한없는 독서에 묶이게 되었다. 초등학교 2학년 때 학교에 도서관이 있다는 것을 알고 신이 난 나는 기회가 생길 때마다 그곳으로 달려가 책을 읽고 또 읽다가 쉬는 시간에 운동장으로 억지로 끌려나오곤 했다. 어느 날 놀라운 책이 내 눈에 띄었다. 황갈색 표지에는 바위 절벽과 동굴 입구가 그려져 있었다. 1904년에 처음 출판된 이 책은 미국의 초창기 교육자 중 한 명인 캐서린 도프의 《동굴에 살던 옛사람들》이었다. 나는 하워드 V. 브라운이 그린 세련된 삽화들을 한참 동안 열심히 들여다보았다. 브라운은 나중에 초창기 사이언스픽션 표지 그림으로 유명해진 사람이다. 발목까지 오는 가죽 원피스를 입은 두 여자가 맨발로 곰 한 마리와 근접전을 벌이는 그림은 아무리 봐도 질리지 않았다. 한 여자가 돌 단검으로 곰을 베었고, 다른 여자가 창으로 찔렀다. 얼굴은 몹시 사나운 표정을 짓고 있었다. 당시 여덟 살밖에 되지 않았지만, 책에 나오는 여자들의 그림이 항상 아기를 안고 있거나, 불을 향해 몸을 구부리고 있거나, 누군가에게 음식을 건네는 모습이라는 것을 알아차린 내게 그 그림이 어떤 의미였는지 여러분은 상상할 수 없을 것이다. 곰과 싸우다니! 책 내용도 훌륭했다. 동굴에 살던 사람들의 영역 지도가 있기 때문이었다. 그것은 내가 태어나서 처음 본 지도였고, 그 책의 기본적인 틀이기도 했다. 그 책에서 접한 구석기시대 생활에 대한 인상이 평생 동안 남아, 내가 남성이 주도해서 기술적인 진보를 이룩했다는 유럽 중심적 시각을 강조한 고고학자, 역사가, 예술가의 주장을 일반대중이 어떻게 흡수하는지 관찰할 때도 영향을 미쳤다. 그때 그 그림 속 여자들과 곰을 생각하면, 아직 해결하지 못한 의문들이 있음을 알 수 있었다. 세월이 흐른 뒤 글롭의 책을 접했을 때도 이미 오래전에 사라진 사람들, 남녀 모두의 삶이 얼마나 복잡했는지, 우리가 그 깊이에 대해 얼마나 아는 것이 없는지를 알고 또 한 번 충격을 받았다.

글롭은 보그 시신 대부분이 희생제물이라고 믿었다. 게르만과 켈트의 남신과 여신에게 바쳐진 봉헌물이라고 본 것이다. 그는 지모신地母神인 네르투스를 좋아했다. 지금도 우리는 '지모신'이라고 말할 때 무의식적으로 네르투스를 참고한다. 글롭의 책은 토탄 속에서 발견된 고대의 남녀에게 한 가닥 유대감을 느낀 적이 있는 많은 독자에게 낯설지만 몹시 흥미로운 과거를 열어서 보여주었다. 미술가와 작가는 보그 시신들을 향해 특히 열정적인 반응을 보였다. 1920년대와 1930년대를 배경으로 한 W. 서머싯 몸의 작품들이 지금은 비록 옛날만큼 많이 읽히지 않지만, 대영제국이 쇠퇴하던 시기 해외에 나가 있던 고약한 영국인들의 모습을 순간적으로 냉동한 것처럼 보존하고 있다. 몸은 사람들의 성격(즉 '인간 본성')에 흥미가 있었으며, 작품에서 자명한 이치를 묵상하듯 표현할 때가 많다. 〈호놀룰루〉에서 그가 쓴 다음의 문장은 글롭의 《보그의 사람들》을 처음 들여다보았을 때의 미술가와 시인에게 잘 들어맞을 것 같다.[51]

> 다양한… 사람들에게서 볼 수 있는 다양한 감정 반응을 관찰해 보면 몹시 신기하다. 어떤 사람들은 무시무시한 전투, 임박한 죽음 앞의 공포, 상상조차 할 수 없는 끔찍한 일을 겪고도… 영혼에 흠집 하나 나지 않는가 하면, 또 어떤 사람들은 고독한 바다 위에서 가늘게 떨리는 달빛이나… 수풀 속에서 새가 지저귀는 소리만으로도 자신의… 존재 전체가 변해버릴 만큼 커다란 격동을 일으킬 것이다.

51 W. Somerset Maugham, *The Complete Short Stories*, Vol. I (East and West, NY, 1952), pp. 131~132.

글롭의 《보그의 사람들》에 영향을 받은 일부 사람들에게는 보그 사람들과의 유대감이 평생을 바칠 만큼 중요한 것이 되었다. 노벨상 수상자인 셰이머스 히니, 특히 그의 시집인 《북쪽》이 그런 예다. 보그 시신들을 중심으로 구성된 소설도 있다. 미셸 투르니에의 《마왕》, 앤 마이클스의 《덧없는 시편들》, 윌리스 스테그너의 《구경꾼 새》, 에바 클로브달 라이히의 《로마와 덴마크로 가는 길에 대한 일곱 밤과 절반의 밤의 이야기》. 고고학자인 글롭도 예술에 관심이 많아서 때로 예술가들과 협업했다. 원시의 진흙 속에 풍덩 빠져서 토탄 속의 고대 시신들을 꺼내 현대인의 의식 속으로 가져오고, 지하의 그 축축한 곳을 탐험하고, 미지의 것에 몇 번이고 달려든 예술가들은 그 고대의 유물들과 연결될 수 있는 방법을 우리에게 제공해 준다. 렘코 드 푸의 〈잠든 보그를 그대로 두라〉는 짓눌리고 기울어진 얼굴이 이끼 속에서 떠오르는 모습을 묘사한다. 어른의 탄생 같기도 하고, 꽃다발의 중심부 장식 같기도 하고, 일상생활보다 더 현실감 넘치는 악몽 같기도 하다.

발굴된 보그 시신들의 역사에서 중요한 부분 중 하나는 우리가 사는 현대 세상에서 그들이 어떻게 되었는가 하는 점이다. 커린 샌더스는 박물관에 그들을 전시하는 것이 윤리적인지를 주저 없이 입에 담는다. 벌린 클링켄보그가 말했듯이, 이 고대인들의 이미지가 마케팅 담당자의 손에 떨어지면 자질구레한 장신구나 진귀한 수집품이 되는데, 그것이 위험한 일이라는 말을 할 때도 주저하지 않는다. 사실 톨룬드 맨의 얼굴은 요즘 플라스틱 연필깎이나 쇼핑백에도 등장한다. 발굴된 유해를 보러 박물관에 가는 것도 그들을 진귀한 수집품으로 전락시키는 데 공모하는 행동이 아닐까?

요제프 보이스(1921~1986)[52]가 보그와 그곳 시신들의 외침을 처음으로 들은 예술가 중 한 명이라는 사실을 알고 나는 놀라지 않았다. 1952년에 그라우발레 맨을 처음으로 본 사람 중에도 요제프 보이스가 있었다. 그가 1971년에 발표한 퍼포먼스 〈황야에서의 행동〉은 문자 그대로 보그에 뛰어든 작품이었다. 저지대 국가들의 예술가 집단 COBRA(코펜하겐의 CO, 브뤼셀의 BR, 암스테르담의 A)는 예나 지금이나 보그 시신들에 강렬한 흥미를 갖고 있어서, 가장 강렬한 작품 중에 보그와 관련된 것이 많다. 커린 샌더스는 프랑스 철학자 가스통 바슐라르의 주장들이 COBRA 예술가들의 에토스와 잘 맞아떨어진다는 의견을 내놓는다. 특히 시간을 보는 시각과 시간의 흐름을 "액체에서 점차 걸쭉해진 상태로, 단단히 굳어져서 그 안의 과거를 온전히 품는 상태로 변해가는 과정의 느리고 악명 높은 친밀함"[53]으로 보는 시각이 그렇다는 것이다. (나는 잔혹하게 푹푹 빠지는 진흙 속에서 매머드가 진흙을 삼키고 꾸르륵거리는 모습에 이

52 Sanders, 앞의 책, 126.

53 Bachelard, *Earth and Reveries of Will*, p. 8, Sanders, 앞의 책, p. 133, n. 264에서 재인용.

생각을 겹쳐 본다. 그렇게 허우적거리던 매머드가 궁극적으로 남긴 것은 프랑스의 어느 박물관에 전시된 거대한 넓적다리뼈다.) 그 뒤에 나는 피터 데이비드슨이 《북쪽이라는 개념》에서 탐구한 '지나간 과거'에 이끌렸다. 이 작품에서 '지나간 과거'의 화살표는 라인하르트 베렌스가 만들어 낸 신화적인 얼음 속 세계 나보랜드와 그 주위의 차가운 물을 가리킨다.[54] 빙하가 점점 녹고 있으니 이 '지나간 과거'가 어쩌면 뜨거운 미래의 인간들에게 기억 속 피난처가 될지 모르겠다.

습지 고고학자들은 글롭의 책 덕분에 우리가 수천 년 전의 사람들과 문자 그대로 얼굴을 맞대게 되었을 때부터 보그에서 바삐 움직였다. 물과 토탄 보그가 마른땅보다 유물을 훨씬 더 잘 보존해 준다는 사실이 알려졌기 때문이다.[55] 학자들이 오랫동안 잠겨있던 말의 턱뼈, 물가의 자갈, 목각, 깨진 토기 조각, 거멀못 등 수천 점의 물건을 찾아내면서 습지 고고학은 갑자기 아주 큰 보람을 느낄 수 있는 학문이 되었다. 보존 상태는 좋지만 신체가 훼손된 시신들도 고대의 습지에서 현대 세계로 올라와 죽음의 악명을 얻었다. 나는 이렇게 발굴된 시신들에 대해 생각하고 글을 쓰는 일이 그들의 프라이버시를 침해하는 것 같아서 조금 불편하다. 먼 옛날 플로리다의 무스파 부족과

---

54 Peter Davidson, *The Idea of North* (Reaktion Books, London, 2005, 2007), pp. 109 ff.

55 Robert Van de Noort와 Aidan O'Sullivan, *Rethinking Wetland Archaeology* (Duckworth, London, 2006).

칼루사 부족이 남긴 해안가 조개무지와 매장지 위에 집을 짓고 살던 사람들이 불안한 잠에 시달리지 않았는지 모르겠다. 하지만 이집트와 페루의 미라, 베수비오 화산 희생자들의 석고 모형, 외치, 페루의 선사시대 사람들, 오제트 산사태에 묻힌 마카 부족을 과학적으로 조사하는 일은 불편하게 느껴지지 않는다. 이집트의 관에 그려진 파이윰 초상화[56]들도 마찬가지다. 2천 년 전 껌으로 사용되었던 고대 자작나무 타르에 아이의 잇자국이 그대로 남아있는 것을 보고 나는 너무 생생해서 가슴이 아팠다. 하지만 그와 동시에 그것에 대해 알고 싶다는 마음이 들어서, 파렴치하게 시시콜콜한 것을 캐고 다니는 나 자신을 향해 속으로 몸을 부르르 떨었다.

내가 옛사람들에게 이토록 관심이 많은 이유 중 하나는 그들이 강, 개울, 고인 물, 산, 깊숙한 동굴, 섬을 통해서 지금은 불가능한 방식으로 자연계와 연결되어 있었다는 점이다. 해가 뜨기 전 어두울 때 횃불을 켜고 치러지는 의식을 상상한다. 목에 밧줄을 건 사람이 보그 통행로를 따라 신성한 단으로 이끌려 가는 동안 지평선이 빨갛게 타오르기 시작하고 새벽의 불협화음이 차츰 들려온다. 물속에 던져진 횃불들이 피식 소리를 낸다. 햇살 속에서 하루가 열리는 순간 뭔가 중요한 일이 행해진다. 제물이 된 사람의 몸이 보그 속으로 내려간다. 말뚝

56 Alexa Gotthardt, "Unraveling the Mysteries of Ancient Egypt's Spellbinding Mummy Portraits," Artsy, www.artsy.net.

에 묶여있거나 고리버들 우리 같은 것에 에워싸인 모습이다. 어쩌면 감정에 겨워 눈물을 글썽거리는 사람이 있을지도 모르겠다. 영적인 접촉이 반갑고 즐거워서 어쩔 줄 모르는 사람이 있을지도 모르고. 이 사람들이 느낀 유혹이나 어려움, 신앙의 위기에 대해 아는 사람은 사실 아무도 없다. 우리가 확신할 수 있는 것은, 둥근 하늘 아래 보그가 저마다 그 나름의 세계였으며, 보그 시신들은 다른 사람들과 함께 그곳으로 와서 돌아가지 못했다는 점뿐이다.

예전에 〈신비로운 보그 사람들〉 순회 전시회가 밴프에서 열렸을 때 나도 마침 그곳에 있었다. 전시회의 중심이 된 것은 리처드 니브가 1994년에 복원한 이데 걸(1897년 네덜란드에서 발견된 보그 시신—옮긴이)의 얼굴이었다. 보그에서 발굴되어 그곳에 전시된 모든 물건이 흥미로웠지만, 선사시대 사람들이 만든 청동 관악기인 루르[57]로 연주한 배경음악 때문에 등골이 오싹했다. 그 음침한 나팔 소리가 골수를 진동시키면, 우리는 그 슬픈 소리가 보그 전체에 울려퍼지는 광경을 추측할 수 있다.

잘 보존된 시신 수천 구가 특히 유럽 북서부의 상승형 보그와 담요 보그에서 발견되었다. 가장 오래된 것의 연대는 중석기시대인 8천 년 전까지 거슬러 올라간다. 사람이 직접 토탄층을 잘라내는 과거 방식은 속도가 느리고 힘들기는 해도 시신을

57 루르 소리를 들으려면, www.youtube.com/watch?v=Ld6Dt-Lce6M 참조.

발견할 수 있다. 고고학자 판 데르 산던은 다음과 같이 썼다.

"붉은색 긴 머리가 그대로 보존된 이데 걸을 우연히 발견한 일꾼은 악마와 대면했다고 믿었다. 그래서 허둥지둥 도망쳐 다음 날에야 다시 일터로 나왔다."[58] 당시 루르의 소리가 울려 퍼졌다면, 그 가엾은 남자는 기절해서 이데 걸 옆에 쓰러졌을지도 모른다.

판 데르 산던은 보그 시신에 관한 정보를 수집하던 신기한 인물이자 독일 고고학자인 알프레트 디크(1906~1989)에 대해 이야기한다.[59] 그는 1939년부터 1986년까지 유럽 북부의 보그에서 발견된 시신에 관한 자료들을 수집했다. 제2차 세계대전 때 심한 부상을 입고 미군의 포로가 된 적이 있는 디크는 평생 동안 계속 보그 시신의 수를 파악하면서 박물관 수집품들을 조사하고, 문서와 신문을 훑어보고, 모발과 의류 샘플을 수집하고, 심지어 토탄을 채취하는 일꾼들을 만나 이야기도 나눠보았다. 그가 마지막으로 파악한 보그 시신의 수는 1천850구였다. 그는 100편이 넘는 글을 썼을 뿐만 아니라, 보그에서 발굴된 시신들에 관한 정보를 모아 방대한 카탈로그를 만들었다. 그러나 판 데르 산던은 다음과 같이 지적한다.

> 그는 자신이 듣고 읽은 것을 곧이곧대로 적었다… 디크 자신이 직접

---

58 Van der Sanden, *Through Nature to Eternity*, 앞의 책 (Amsterdam, 1996), p. 37.

59 같은 책, 54.

> 보그 시신을 살펴본 적은 한 번도 없었다. 그는 주로 최종 보고서, 문서에 관심이 있었다… 디크가 비판적인 태도로 자료를 모은 것이 아니라는 데에 지금은 대체로 동의하는 분위기다. 그는 자신이 읽거나 들은 것을 모두 진실로 받아들였다.

현재 그의 자료는 보그에 대한 진지한 고고학 연구에 달린 별난 각주로 여겨진다.

***

초창기에 발견된 시신들은 대부분 인근 주민들 손에 손상되었다. 이데 걸의 시신에서도 죽음의 기념품을 원한 누군가가 이를 뽑고 머리카락을 뜯어갔다. 나중에는 토탄층을 자르는 기계가 모든 것을 가루로 만들어 버렸다. 먼 옛날 보그에 묻힌 누군가의 파편으로 불을 피워 빵을 구워 먹은 사람들이 아주 많았을 것이다. 최고의 선의를 갖고 과학적으로 철저하게 분석한다 해도, 글자가 없던 시대의 사람들을 이해하기는 정말로 어렵고 그들의 삶을 묘사하기는 거의 불가능하다. 그들의 이야기를 알고 싶은 우리의 갈망이 아무리 강렬해도 소용없다. 미국의 시인 겸 비평가 랜들 재럴(1914~1965)은 "문학에 대해 거의 잔인할 정도로 진지한" 사람이라는 꼬리표가 붙어 있었는데, 단편집에 실을 소설 서른 편을 고르면서 그 작업을

"벽장 안에 동물원을 만드는 일"에 비유했다.[60] 그는 출판사가 짧은 작품을 고집한 탓에 '대표적인' 작품들을 고를 수 없었다고 말했다. 유럽 북서부의 토탄층에서 발굴된 갈색의 주름진 시신들도 그 시대의 대표가 아니다. 그들이 왜, 어떻게 그곳에 묻히게 되었는지 우리에게 대략적으로 알려주지도 않는다. 재럴은 단편집에 수록할 작품을 고를 때 반드시 씁쓸한 진실을 담은 작품이어야 한다는 기준을 세운 듯하다. 각각의 보그 시신에도 어쩌면 같은 말을 할 수 있을지 모른다.

보그 시신에 관한 옛날 글을 읽다 보면, 서로 가까운 곳에서 발굴된 남성 시신들이 아마도 선사시대의 사회적 규범을 우롱한 죄로 처벌받은 동성애자들일 가능성이 높다는 말이 자주 나온다. 내 생각에는 아닐 것 같았다. 그 고대인들의 도덕 규범이나 관습에 대해 우리는 아는 것이 없다. 그런데도 이런 주장은 현대의 민담에 스며들었고, 선사시대 동성애자들이 보그에서 죽임을 당했다는 믿음이 지금도 남아있다. 이 주장에는 동성애에 대한 19세기와 20세기 초의 도덕적 태도가 일부 반영되어 있다. 타키투스(로마의 역사가—옮긴이)가 《게르마니아》에서 게르만족의 재판과 처벌을 설명하면서 보그 시신들을 '*infames corpores*'(직역하면 '평판이 나쁜 시신들')[61]라고 언급한

---

60 Randall Jarrell, *The Anchor Book of Stories*의 '들어가는 말'(Doubleday Anchor, 1958), p. xv.

대목에 대한 다양한 해석이 이런 도덕적 태도를 강화해 주는 역할을 했다. 이 두 단어는 다양한 의미로 해석되었다. 화이트가 1866년에 펴낸 라틴어 사전에서는 형용사 *infames*의 단수형인 *infamis*의 뜻을 '세평이 나쁜, 평판이 나쁜, 악명 높은'으로 풀이해 놓았다. 2005년 《옥스퍼드 데스크 사전》에는 '평판이 나쁜', '불명예스러운'이라는 뜻풀이가 있다. 옥스퍼드의 번역본인 《타키투스의 게르만의 땅과 아그리콜라》 2013년 개정판에는 '*infames corpores*'와 관련해서 "배신자와 탈주자는 나무에 매달린다. 겁쟁이, 비겁자, 그리고 *부자연스러운 행동을 저지른 자*는 우리 아래 진흙 속에서 질식한다"(이탤릭체는 내가 표시한 것)고 번역되어 있다. 여기서 '부자연스러운 행동'이라는 말이 *infames*의 뜻으로 슬금슬금 자리를 잡았다. 많은 학자들이 연구 끝에 알아낸 기원이다.

2천 년 전에 동성애자들을 보그에 익사시키는 처벌이 있었다는 생각은 타키투스의 글을 나치가 꼬아서 해석한 결과인 듯하다. 역사가인 크리스토퍼 B. 크레브스의 《아주 위험한 책》은 독일이 1930년대에 고대 게르만에 대한 타키투스의 묘사를 받아들인 것이 인종적 순수성이라는 환상을 동원해서 사람들을 선동하려는 청사진이었다고 본다. 커린 샌더스를 비롯한 여러 사람들은 힘러가 1937년에 무장 친위대에게 한 연설을

61 Tacitus, "The Germany and the Agricola of Tacitus," www.gutenberg.org/files/7524/7524-h/7524-h.htm.

이 견해와 연결시킨다.

> …지금은 조상들의 시대만큼 쉽지 않다. 그때는 비정상적인 변질자가 몇 명밖에 되지 않았다. 동성애자들은 스웜프에 빠뜨려 죽였다. 보그에서 이런 시신을 발견한 훌륭한 교수들은 100구 중 90구가 옷을 비롯해서 모든 것을 그대로 걸친 채 스웜프에서 익사당한 동성애자들의 유해라는 사실을 확실히 알지 못한다.[62]

일부 학자들은 타키투스가 아닌 다른 길을 택해서, 고전시대 역사가들의 글에서 게르만, 켈트, 골의 전사들이 동성애를 불편하게 생각하지 않았다는 단서를 찾으려 한다. 그들의 연구에서 *infames*는 성적인 문제와 관련된 것 같지 않다. 리비는 탈주자를 묘사할 때 '*infames corpus*'라는 표현을 쓴다. 이 두 단어는 하찮은 사람, 즉 노예를 뜻할 수 있다. 타키투스가 사용한 '*infames corpores*'가 가치가 낮은 사람을 가리킨다는 느낌은 확실하지만, 그리스와 로마 시대 저술가들의 글이 지금은 목격자의 증언이라기보다는 2000년 전 엘리트들의 태도가 주로 반영된 자료로 여겨진다. 프랑스 아날학파의 시리즈물인 《사생활의 역사》 중 1권 《이교도 로마에서 비잔티움까지》에는

62 Sanders, 앞의 책, pp. 61~62. www.loebclassics.com/view/livy-history_rome_22/2019/pb_LCL233.261.xml. Karin Sanders, *Bodies*는 ***corpores infames***를 '동성애자'로 해석한 것을 힘러와 연결시킨다(p. 62).

좀 더 풍성한 역사적 해석의 여지가 있다. 타키투스의 로마에서 노예는 사람이 아니었으나,[63] 나중에는 이런 생각이 변화를 겪는다.

> …힘없이 비역질을 당하는 것은 자유인에게 최고로 수동적인 행동(*impudicitia*)이자 자존심이 없는 행동이었다. 자유인과 노예 또는 중요하지 않은 사람의 관계라면 남색은 가벼운 죄였다. 이것에 관한 농담이 사람들 사이에서도 연극에서도 흔했으며, 상류사회 사람들은 이것을 자랑했다. 거의 모든 사람이 동성과 관능적인 쾌락을 즐길 수 있고, 관용적인 고대에 남색은 결코 드문 일이 아니었다.

수천 년 전에 죽은 사람들의 행동 동기를 추측할 때는 반드시 주의해야 한다.

***

많은 펜, 보그, 스웜프에서 우리는 이야기를 향한 사람들의 욕구를 볼 수 있다. 모나리자만큼이나 알 수 없는 표정을 짓고 있는 톨룬드 맨이 어떻게, 무슨 이유로 교수형을 당해 보그에 묻혔을까? 1904년 네덜란드에서 발견된 2천 년 전의 베이르딩

63 Philippe Ariès와 Goerges Duby 편집, *A History of Private Life, Vol. 1: From Pagan Rome to Byzantium* (Harvard University Press, 1987), p. 204.

어 커플은 어떤가? 서로를 부드럽게 안고 있는 것처럼 나란히 발견된 그 두 사람은 토탄 보그 부부로 널리 알려졌다. 그러나 세월이 흐른 뒤 토탄 보그 부부가 머리가 사라진 두 남자로 밝혀지자, 이야기꾼들은 그들이 동성애자였을 것이라고 추측했다. 둘 중 덩치가 큰 남자는 배에 큰 상처가 있고 창자가 몸 위에 쌓여있었다.

셰이머스 히니가 시 〈처벌〉에서 다룬 빈데비 걸은 어떤가? "…그녀의 박박 깎은 머리카락/검은 곡식 그루터기 같다/눈가리개는 더러운 천이고…".[64] 1952년에 독일의 보그에서 발견된 열네 살짜리 빈데비 '걸'은 알몸이었고, 한쪽 머리카락이 짧게 잘린 것 같았다. 얼굴에는 '눈가리개'를 쓰고 있었다. 거기서 몇 미터 떨어진 곳에는 중년남자의 시신이 있었다. 이야기를 향한 욕구가 상상력에 불을 붙여, 두 사람이 불륜관계를 맺다가 그 벌로 죽임을 당했다는 이야기가 만들어졌다. 히니의 시도 이 불륜 이야기를 따라간다. 하지만 한 학자는 이 시에 북아일랜드 분쟁이 반영되었다고 보았다.[65] 빈데비 '걸'은 많은 책에 실렸지만, 2007년 생물인류학자 헤더 길-로빈슨이 만하임에서 독일 미라 프로젝트에 참여해 일하던 중 빈데비 '걸'의 유골(보존처리 과정에서 뼈를 시신에서 따로 빼냈다)을 조사할

---

64 Seamus Heaney, *North* (Faber and Faber, 1975, 1992), pp. 30~31.

65 Navleen Multani, "Bog Body, Violence and Silence in Seamus Heaney's 'Punishment,'" *Dialog* 34 (2019).

기회를 얻어 그 시신이 열여섯 살짜리 소년의 것이며, 영양실조와 반복적인 질병의 흔적이 보인다는 사실을 밝혀냈다. 모직 '눈가리개'는 원래 머리띠인데 시신의 부피가 줄어들면서 눈 위로 미끄러져 내려왔을 가능성이 높았다. 한쪽 머리카락이 짧게 깎인 것은 시신의 평범한 부패과정이 원인으로 지명되었다. 머리 위쪽이 산소가 있는 수면과 더 가까웠기 때문이다. 또한 빈데비 걸의 불륜상대로 짐작된 중년 남자의 연대는 알고 보니 이제는 빈데비 차일드로 불리는 소년보다 300년이나 앞서있었다.[66]

아일랜드에서 발견된 보그 시신들은 언뜻 평범해 보이는 사람들이 아니라, 희생제물로 바쳐진 왕이었다.[67] 아일랜드의 상급 왕High King들은 수천 년 전부터 나타나기 시작했으며, 각자 자기만의 왕국을 갖고 다른 왕들과 전쟁을 벌였다. 자신이 다스리는 영역의 안녕과 복지도 그들의 책임이었다. 상급 왕 중 가장 유명한 인물은 브라이언 보루였다. 만약 흉년 등의 재앙이 닥치면, 왕은 희생제물이 되었다. 스무 살쯤 된 올드크로건 맨도 그렇게 제물이 된 왕으로 짐작된다.

> 아일랜드 보그 시신에 관한 전문가인 이먼 켈리는… 올드크로건 맨이

---

66 Jarrett A. Lobell과 Samir S. Patel, "Windeby Girl and Weerdinge Couple," *Archaeology* 63, no. 3 (2010).

67 Kristen C. French, "The Curious Case of the Bog Bodies," https://Nautil.us/issue/27/dark-matter/the-curious-case-of-the-bog-bodies.

실패한 왕이거나, 왕위를 놓고 다투던 사람이거나, 왕족 출신 인질로서 풍요의 여신에게 제물로 바쳐졌다고 본다. 공들여 손질한 손톱, 고생한 흔적이 없는 손, 곡식과 버터밀크로 구성된 최후의 식사는 그의 사회적 지위가 높았음을 암시한다. 그의 젖꼭지는 잘려나간 것으로 보이는데, 어쩌면 그를 왕위에 걸맞지 않은 사람으로 만들려는 시도였을 수 있다. 중세에 왕의 젖꼭지를 빠는 행동은 복종을 의미했으며, 그 기원을 거슬러 올라가면 아마도 청동기시대 말기까지 닿을지도 모른다…

과거를 이해하려고 애쓰는 과정에서, 언뜻 논리적인 것 같지만 사실은 우리 시대의 문화가 반영된 짐작을 하기 쉽다. 로마 시대 역사가들의 글에서는 이런 짐작을 잘 찾아내면서, 우리 자신의 글에서는 찾아내지 못할 때가 더 많기도 하다. 이런 경향 때문에 끊임없이 생겨나는 문제에 우리는 비평과 성찰로 맞서려고 시도하면서, 사람들이 보그에 묻힌 이유를 해석할 때마다 우리가 현재 정통이라고 믿고 있는 주장과 사고방식이 필연적으로 그림자를 드리울 수밖에 없음을 항상 되새긴다.

레딩 대학교에서 선사시대 초기 역사를 가르치는 스티븐 마이든 교수는 《빙하기 이후: 기원전 2만 년부터 기원전 5천 년까지 세계 인류의 역사》에서 옛사람들을 이해하려고 노력했다.[68] 주석이 달린 무용담 같아서 독자를 몰두하게 만드는 이

68 Steven Mithen, *After the Ice: A Global Human History 20,000~5000 B.C.* (Weidenfeld & Nicolson).

책은 시간 여행자와 함께하는 환상적인 선사시대 여행에 우리를 데려간다. 존 러벅이라는 이름의 현대 고고학자인 이 시간 여행자는 빅토리아 시대의 실존 고고학자 존 러벅이 실제로 쓴 저서《선사시대》를 갖고 있다. 이름이 같은 이 두 고고학자와 책 속의 책은 처음에 혼란을 안겨주지만, 눈에 보이지 않는 상태로 수백 년, 수천 년의 세월을 오갈 수 있는 침묵의 안내인을 따라가는 요령을 익히고 나면 긴 역사를 개괄적으로 살펴볼 수 있다. 마이든은 자신의 해석에 일일이 수백 쪽이나 되는 풍부한 주석으로 증거를 제시해 놓았다. 그러나 그의 논평 중 가장 강렬한 것을 하나 꼽는다면, 역사를 집필하는 작업에 관한 논평이 있다.

> 우리가 마주한 과제는… 식물, 동물, 곤충의 실제 공동체를 상상할 수 있게 이 증거의 원천[기술보고서]을 결합시키는 일뿐만 아니라, 처음 그 공동체에 들어와 그곳의 일부가 된 자들의 경험에 대한 이해를 얻는 일도 있다. 식물과 동물 목록은 솔잎 냄새나 별빛 아래에서 구워 먹는 사슴고기의 맛을 잘 대체하지 못한다. 곤충의 잔해에 대한 보고서는 쇠등에가 붕붕거리는 소리나 따끔하게 찌르는 느낌을 불러내지 못한다. 겨울 기온을 추정하는 것만으로는 모피를 둘렀으나 얼어붙은 발로 눈밭을 걷고 차가운 강을 건널 때의 얼얼한 고통을 느낄 수 없다. 그래도 그런 감각이 우리가 이해할 수 있는 범주 안에 있어서 다행이다. 훌륭한 선사시대 역사가가 되려면… 실제로 자연계에 몸을 담고 걸어다

니면서 수렵-채집 경험에 조금이라도 가까이 다가가야 한다.[69]

선사시대에 북유럽인들은 빙하가 녹은 물로 형성된 습지에서 수천 년 동안 번성했다. 샘과 연못과 습지를 신성한 곳으로 숭배했던 그 옛사람들이 미래를 미리 들여다볼 수 있어서 우리 모습을 보았다면 어떨까? 물의 원천을 그렇게 더럽히고, 고갈시키고, 파괴해 버린 인간들, 강에 댐을 짓고 물을 오염시킨 인간들, 폐기물과 플라스틱으로 대양의 숨통을 막은 인간들을 전혀 이해하지 못할 것이다. 어쩌면 우리를 네르투스에게 반드시 희생제물로 바쳐야겠다고 생각할지도 모르겠다.

일부 고고학자들에게 선사시대 유럽인의 시신은 토탄 보그에서 발견된 가장 중요한 물건이 아니었다. 그들에게는 칠레 남부에서 발견된 몬테 베르데가 가장 중요하다. 이 유적은 1920년대에 뉴멕시코주 클로비스 근처에서 발견되어 아메리카 대륙 최초의 정착민들(1만1천500~1만800년 전)이 남긴 물건으로 50년 동안 인정받은 뾰족한 투척·발사용 석기[70]보다 앞선 유적이 적어도 한 곳은 있음을 보여주었다. 몬테 베르데는

---

69 같은 책, p. 116.

70 노예였다가 카우보이가 되어 말 길들이는 법을 가르치는 대가로 글을 배운 George McJunkin이 1908년에 처음으로 그 유명한 유적을 발견했다. 거대한 들소 뼈 여러 개 중 돌로 만든 발사체가 박힌 뼈가 하나 있었으나 아마추어 화석 사냥꾼 두 명 외에는 어떤 고고학자나 연구소도 관심을 보이지 않았다. 그가 1922년에 세상을 떠난 뒤 두 화석 사냥꾼은 조사를 계속했고, 결국 그 중요한 발견의 공로를 자신들의 것으로 만들었다. 지금도 클로비스 촉의 발견을 설명한 글에는 McJunkin의 이름이 나오지 않는다.

사람들에게 버림받은 뒤 그 위를 덮은 토탄 보그 덕분에 잘 보존되어, '클로비스가 최초'라는 신화를 박살 낸 증거가 되었다. 1970년대에 친치후아피 개울가에서 진행된 벌목작업 때문에 한 번 뒤집어진 땅은, 벌목으로 손상된 땅이 대개 그렇듯이 침식되기 시작했다. 그때 인근에 살던 일가족이 점점 내려앉는 개울둑에서 뼈 몇 개가 튀어나와 있는 것을 발견했다. 그들은 그것이 소뼈인 줄 알고 한데 모아서 발디비아 대학교에서 수의학을 공부하던 지인에게 가져다주었다. 그 수의학과 학생은 '소뼈'가 너무 이상해 보여서 대학의 여러 인류학자에게 보여주었다. 그 과정에서 칠레 아우스트랄 대학교에서 고고학을 가르치던 톰 딜리헤이가 이 뼈의 존재를 알고 즉시 관심을 보였다. 1976년 딜리헤이는 향후 20년 동안 진행될 발굴작업을 시작하면서, 훌륭하게 보존된 유물들의 상태에 놀랐다. 연대가 지금으로부터 1만4천800~1만3천800년 전으로 확인된 이곳은 "신세계에서 가장 놀라운 고고학 유적지 중 하나"였다. '놀랍다'는 말을 쓴 것은 유물들의 놀라운 보존상태 때문이다. 토탄 보그는 화덕, 가죽 옷 조각, 사람 발자국, 각종 열매류, 집을 지은 판자, 인간의 분석糞石은 물론 심지어 고기조각까지도 잘 보존해 주었다. 이 고기조각의 DNA를 분석했더니, 지금은 멸종된 곰포테리움과 동물로 판명되었다. 처음에 소뼈로 오인된 뼈가 바로 현대의 코끼리와 비슷한 이 생물의 것이었다. 몬테 베르데에서 발견된 뼈와 유물 덕분에, 유라시아에서 북아메리카로 베링해협을 걸어서 건너온 사람들이 북아메리카 최초의 주민이 되어 클로비스 근처에 최초의 흔적을 남겼다는 믿음이 흔들렸다. 학자들은 이 이주민들이 영양분이 풍부한 해조류가 널려있는 해안을 따라 배나 뗏목을 타고 남아메리카로 이동했다는 가설을 진지하게 논의하기 시작했다. 그러나 이보다 더 강한 충격이 온 것은 2009년 뉴멕시코의 화이트샌즈 국립공원에서 자원관리를 담당하던 데이비스 버스토스가 고대의 발자국을 발견했을 때였다.[71] 그가 침식으로 인해 드러난 수천 개의 발자국(인간 어른과 아이, 다이어울프, 매머드, 낙타의 발자국으로 원래는 호숫가 근처의 축축한 땅에 찍힌 것이다)을 처음으로 발견한 뒤 많은 나라에서 학자들이 연구를 위해 찾아왔다. 그들 중 지질학자인 제프리 피가티와 캐슬린 스프링어는 침식으로 인해 먼 옛날에 호숫가에서 자라던 '줄말'(여러해살이풀의 일종—옮긴이) 씨앗이 두껍게 쌓여있는 층 또한 겉으로 드러났음을 2019년에 발견했다. 연구실로 돌아와 씨앗을 탄소연대측정법으로 분석해 보니 놀랍게도 2만2천800년 전이라는 결과가 나왔다. 그래서 두 사람은 이 놀라운 연대가 맞는지 확인하고, 씨앗과 발자국의 연대가 같은지 알아보기 위해 일련의 엄격한 검사를 실시했다. 지금은 이 씨앗과 발

71 Carl Zimmer, "Ancient Footprints Push Back Date of Human Arrival in the Americas," *New York Times*, 2021년 9월 23일자, https://www.nytimes.com/2021/09/23.

자국이 아메리카 대륙 최초의 인간이 남긴 증거로 받아들여지고 있다. 육지로 왔든 바다로 왔든 그들은 아메리카 대륙에서 문화를 이루고 살았던 대다수 토착민들의 조상이었다.

서기 9년 칼크리제 통로의 다스 그로세스 무어

거의 잊혔던 옛 사건이 중요한 의미를 지니고 새로이 살아날 때가 있다. 1871년 독일이 통일될 무렵을 전후해서 포괄적인 역사를 향한 갈망이 이 나라를 물들였다. 지난 140년 동안 독일이 세계사에서 커다란 존재였기 때문에, 샤를마뉴의 제국이 와해된 뒤 1천 년 동안 '독일'은 여러 귀족과 왕이 각각 다스리는 작은 나라들, 같은 언어를 쓰며 연합과 경제협력으로 동질감을 표현하던 작은 나라들이 그림 형제의 동화책에서처럼 복잡하게 얽혀있는 곳이었다는 사실을 잊어버리기 쉽다. 1870~1871년의 보불전쟁에서 독일이 승리를 거둔 뒤 군사적으로 가장 강한 나라인 프러시아가 지도적인 위치를 차지했고, 1871년 베르사유 조약은 독일 통일을 확인해 주었다.

이 신생국가는 자신이 역사적으로 위대한 나라였음을 보여줄 증거에 대한 심리적 욕구를 지니고 있었다. 그런 증거 중 가장 반짝이는 사례가 서기 9년 게르만의 케루스키족 아르미니우스 족장이 농부 겸 전사인 토착민 부대를 이끌고 로마군단 세 개를 궤멸하며 거둔 눈부신 승리였다. 이것이 이른바 토이토부르크 숲의 전투다. 지금도 중요하게 평가되는 이 전투에서 로마의 최정예 군대가 무식한 '야만인들'에게 굴욕적인 패배를 당하면서 라인강이 유럽 동부와 서부를 나누는 영구적인 경계선으로 굳어졌다고 믿는 사람도 있다.

로마 군단병이 덩치도 키도 큰 남자였을 것 같지만, 고고학자들이 오랫동안 로마시대의 인골을 측정한 결과에 따르면 군단병의 평균 키는 165.1센티미터였다.[72] 반면 왕으로 짐작되는 올드크로건 맨의 키는 190.5센티미터였다. 로마의 직업군대가 세계에서 가장 막강했음에는 반박의 여지가 없다. 로마 군단은 (비록 키는 작을지언정) 고도의 훈련을 받고 갑주를 입은 남자들로 구성되었다. 갑주 위에는 눈부신 빨간색 망토를 걸쳤고, 발에는 징이 박힌 샌들을 신었다. 그들은 밀집 대형으로 다섯 시간 만에 32킬로미터를 행군할 수 있었다. (토비아스 울프의 소설 속 등장인물인 윙필드처럼[73] 그들 일부는 십중팔구 행군하면서도 잘 수 있었을 것이다.) 머리에는 철 투구를 쓰고, 무기로는 창, 투창, 검을 가지고 다녔다. 최후의 수단으로 사용하는 단검과 수통, 요리용 냄비, 호부護符와 반지도 그들의 소지품이었다. 무기에는 은과 금이 풍부하게 들어갔다. 군인들 각

72 Kyle Harper, "The Environmental Fall of the Roman Empire," *Daedalus*, 2016년 봄호, p. 103.

73 Tobias Wolff, *In the Garden of the North American Martyrs* (HarperCollins, 1981).

자에게는 색을 칠한 방패가 하나씩 있었는데, 이 방패를 일제히 움직여 대형을 보호하는 벽과 지붕을 만들 수 있었다. 이것이 유명한 테스투도testudo다. 그들은 또한 무자비하기로 정평이 나있었다. 그들보다 키가 더 크고 무게도 더 나가는 게르만족의 농부 겸 전사들은 모직과 리넨으로 만든 바지와 튜닉을 입었다. 단검 하나, 창 하나가 그들 각자의 무기였다. 이렇게 부족한 무기 대신 그들에게는 보그와 습지가 많은 고향 땅을 손바닥처럼 잘 알고 있어서 전투 때 그 지형을 전술적으로 이용할 수 있다는 이점이 있었다.

이제 막 한 나라로 통일된 게르만족은 아르미니우스(수백 년 뒤 그의 찬미자이던 마르틴 루터에 의해 이 이름이 '헤르만'으로 독일어화되었다)가 최초의 영웅이므로 기념비를 세워줘야 마땅하다고 생각했다. 기념비를 세울 최적의 장소는 바로 전투가 벌어진 그곳이었다. 그러나 그곳이 어디인지 구체적으로 알려져 있지 않았다. 유일한 단서는 타키투스의 《게르마니아》에 명시된 전장 이름 "살투스 테우토부르겐시스Saltus Teutoburgensis"뿐이었다. 독일 전쟁사가 한스 델브뤼크(1848~1929)는 이 이름이 데트몰트 근처의 토이토부르크 숲[74]을 뜻한다고 믿었다.

그러나 고대 로마 역사의 권위자인 테오도어 몸젠(1817~1903)은 다른 의견을 내놓았다. 그는 몇 해 전 니더작센주의 오스나

---

74 17세기에 어느 목사가 데트몰트 근처 숲의 이름을 자신만이 아는 이유로 'Lippe-Raum'에서 'Teutoburg Forest'로 바꿨다. 그래서 주교 관구 지도에도 그렇게 표기되었다.

브뤼크와 칼크리제산 근처에서 주민들이 발견한 아우구스투스 시대의 로마 동전에 주목했다. 전투에서 궤멸된 로마의 세 군단이 남긴 유물이라고 믿었기 때문이다. 몸젠은 또한 그 지역이 매복에 이상적인 조건을 갖췄음을 알아보았다. 그러나 그리스와 로마 시대 집필자들의 권위에 맞설 수는 없는 노릇이었다. 독일 최고의 역사학자들도 몸젠을 무시하고, 고대 로마의 역사가인 타키투스의 말을 받아들였다. 그러나 사실 타키투스 역시 전투가 벌어질 당시에는 아직 태어나지도 않았고, 현장에 가본 적도 없으며, 전투가 벌어진 지 90년 뒤에야 그 글을 썼다. 어쨌든 사람들에게는 영웅이 필요했기 때문에, 데트몰트에 약 53미터 높이의 아르미니우스/헤르만 기념비 Hermannsdenkmal[75]가 세워졌다. 이 기념비는 1875년에 공개되자마자 인기를 얻었다.

타키투스의 글을 다시 살펴본 현대 학자들은 'Saltus'라는 단어가 숲wald이 아니라 '통로' 또는 '좁은 길(좁은 병목 같은 곳)'을 뜻한다고 보고 있다.[76] 리비우스(로마의 역사가—옮긴이)가 테르모필레 전투에서 좁은 통로를 설명하며 'Saltus'를 사용한 것(*Thermopylarum Saltum ubi angustae fauces coartani iter*)이 한 예다. 결국 역사가 몸젠의 생각이 옳았다. 토이토부르크 숲

---

75 몇 년 뒤 아르미니우스/헤르만 기념비가 미네소타주 뉴울름에 세워졌다. 일명 '독일인 헤르만'이라고 불리는 기념비인데, 이것은 또 다른 이야기다.

76 Tony Clunn, *The Quest for the Lost Roman Legions* (Savas Beatie, NY, 2005), p. 82.

의 전투는 니더작센주의 칼크리제산과 다스 그로세스 무어(그레이트 보그) 사이 좁은 길에서 일어났다. 데트몰트에서 80킬로미터 넘게 떨어진 곳이었다. 그렇다면 이 매복작전을 칼크리제 통로 전투라고 부르는 편이 더 정확할지도 모른다. 좁은 골짜기에 매복하는 것은 이 지역에서 아주 오래전부터 쓰이던 사냥 기법이었다. 스티븐 마이든은 매년 슐레스비히홀슈타인의 아렌스부르크 계곡을 통과해 이동하던 순록 무리가 기원전 12600년 사냥꾼들에 의해 학살당했음을 보여주는 고고학적 증거를 들어 이 기법을 설명한다.[77]

정말로 전투가 벌어진 장소가 발견된 때는 1987년이었다. 라인강 영국군 소속으로 오스나브뤼크에 배치된 토니 클런 중위(1946~2014)는 옛 화폐 연구에 관심이 있어서 금속 탐지기로 동전을 찾아다니는 취미가 있었다. 그는 새로 배치된 곳에서 탐색을 시작하기 전, 오스나브뤼크 박물관의 고고학자 볼프강 슐뤼터를 찾아가 로마 동전을 찾아보고 싶다면서 허락을 구했다. 동전이 있을만한 장소에 대해서도 물어보았다. 슐뤼터는 “매우 조심스러운” 태도로 이 지역에서는 오랫동안 로마 동전이 발견된 적이 없다고 말하면서도 한 번 살펴볼 만한 장소를 가르쳐 주었다.

클런이 2005년에 발표한 저서 《사라진 로마 군단을 찾아서》

77 Mithen, 앞의 책, p. 122.

는 그의 개인적인 이야기를 담은 책이자, 지형에 대한 그의 노련한 안목을 보여주는 책이다. 처음 탐색을 나간 날, 그는 어떤 벌판을 조사하며 다음과 같은 것을 발견했다.

> 살짝 두둑한 지형이 벌판을 가로지르는데, 어쩌면 옛날에 사람들이 많이 다녀서 만들어진 길의 일부일 가능성이 있었다… 그 길의 중심부로 다가가는 동안 머리에 쓴 기계가 친숙하게 두 번 울렸다… 나는 땅을 사각형으로 잘라서 떼어냈다… 그 구멍 안의 검은 토탄을 계속해서 조심스레 걷어내고… 흙을 한 줌 쥐어… 체를 치듯 손으로 흙을 골랐다… 다시 흙을 골랐더니 그것이 보였다. 검은색, 작고… 둥근 것!… 완벽한 은화… 로마의 은화였다.[78]

슐뤼터 박사는 휴가를 떠난 뒤였다. 그 뒤로 몇 주 동안 클런은 100개가 넘는 로마 동전을 발견했다. 중요한 시대인 아우구스투스 재위기간 이후의 것은 하나도 없었다. 슐뤼터 박사가 마침내 휴가에서 돌아오자, 클런은 동전을 봉투에 담아 가져갔다. 완고하고 엄격한 슐뤼터 박사가 결국 한 발 물러섰고, 두 사람은 점차 절친한 친구가 되었다. 슐뤼터 박사가 그 뒤로 몇 년 동안 '파루스 전투' 유적지를 발굴해서 논문을 쓰는 동안에도 두 사람의 우정에는 변함이 없었다. 클런은 사람의 발길로 다져진 옛길과 지금은 흔적이 희미해진 도로를 찾으려고 이 지역의 옛 지도를 계속 연구했다. 그 결과 칼크리제 산기슭

주변 지역에 점점 가까이 다가가게 되었다. 지금은 이곳이 건조한 농경지가 되었지만, 2천 년 전에는 물에 흠뻑 젖은 보그였다. 파루스 전투를 다룬 글은 대부분 다스 그로세스 무어를 무시하지만, 클런이 토탄 속에서 동전을 발견했다는 사실은 이 농경지가 원래 토탄 보그였음을 의미한다.

클런은 자신이 탐색 초기에 발견한 물건을 다음과 같이 설명했다.

> … 내가 전에 발견해서 정체를 모른 채 다른 금속 물건들과 함께 두었던 것이 대단히 의미 있는 물건으로 판명되었다. 납으로 만든 타원형 물건 세 개를 본 슐뤼터 박사는 박물관 직원들과 함께 엄청나게 흥분하더니, 금방 그 정체를 알아보았다. 투석기에 쓰인 납탄. 칼크리제 지역에 군대가 주둔했거나 교전(또는 전투)이 있었다는 최초의 실질적인 증거였다.[79]

이 아몬드 모양의 납탄을 노련한 사수가 발사하면 사정거리 약 119미터까지 목표물을 정확히 맞힐 수 있으며, 44구경 매그넘 탄환과 거의 맞먹는 힘을 발휘할 수 있다는 점이 현대적인 실험에서 밝혀졌다. 여기에 홈을 파면, 미사일처럼 쏜살같

---

78 같은 책, p. 4. Clunn은 학자들이 'saltus'를 숲이 아니라 좁은 길로 받아들인 것에 대해서도 다뤘다.

79 같은 책, p. 26.

이 날아가며 으스스한 소리를 냈다. 군인들은 이 납탄에 전갈 모양이나 거친 말("이 사탕이나 먹어라")을 새겨서 적에게 쏠 때가 많았다. 게르만족 전사들은 투석기를 사용하지 않았으므로, 칼크리제에서 이 납탄이 발견됐다는 사실은 로마 군인들이 이곳에 온 적이 있다는 증거였다.

로마 군단이 그레이트 보그 근처에서 궤멸적인 패배를 당했을 당시 로마의 초대 황제 카이사르 아우구스투스[80]는 일흔두 살로 재위기간의 막바지에 접근하고 있었다. 게르마니아의 인구는 농부 겸 전사로 구성되어 있었으며, 전투가 벌어질 당시 그들은 가족과 함께 작은 정착지에 살고 있었다. 도시는 전혀 없었고, 카이사르가 골Gaul을 정복한 50년 전만 해도 이 동쪽 야만인들 사이에서 토지는 개인이 소유하는 물건이 아니었다. 제국적인 사고방식으로 식민지를 추구하는 침략자가 새로운 땅으로 치고 들어가 부딪히는 토착민은 보통 수가 많고 "복잡하고, 여러 언어를 사용하고, 문화적으로 다양"하다. 그러나 이 두 집단이 서로 대적하는 과정에서 부족적 정체성이 점점 형태를 갖추고 특정한 개인이 '부족 지도자'로 지명되는 상황이 벌어진다.[81] 침략자의 입장에서 보면, 그때까지 스스로

---

80 John Milius, William J. MacDonald, Bruno Heller가 2005년에 발표한 훌륭한 텔레비전 시리즈 *Rome*을 본 역사 팬들은 카이사르의 후계자로 로마의 교활한 초대 황제 아우구스투스(BC 27~AD 14)가 된 젊은 옥타비아누스를 잘 알고 있다.

81 Peter S. Wells, *The Barbarians Speak: How the Conquered People Shaped Roman Europe* (Princeton University Press, 1999), pp. 116 ff. Jonathan Hill, *History, Power and Identity: Ethnogenesis in the Americas 1492~1992* (University of Iowa Press, 1996).

특정한 부족의 일원이라는 생각을 아마 하지 않았을 토착민들이 이렇게 무리를 짓는 것은 그들을 통제하는 첫 단계가 된다. 그들이 집단 정체성에 의해 갑자기 특정한 지역에 몰아넣어진 것 같은 상황이 연출되기 때문이다.

로마는 피정복민에게 로마 시민권을 주고, 로마의 관습과 문화에 그들을 끌어들이는 시스템을 갖고 있었다. 지중해를 둘러싼 지역을 공격적으로 손에 넣으면서 로마는 군대에 복무할 인력과 노예를 더 많이 구할 수 있었다. 새로운 식민지에서 세금으로 걷는 돈도 있었다.

정복당한 땅의 남자들로 이루어진 외인부대가 로마 군단을 더 강하게 만들어 주었다. 그러나 피정복민 중에는 로마인과 그들의 무술, 노예제도, 우월감, 무거운 세금, 점령한 땅에서 감독관이나 총독으로 으스대는 태도를 증오하는 사람이 많았다. 그와 동시에 강성한 로마의 일원이 되고 싶은 마음, 모든 길이 이어져 있다는 화려한 로마에 가보고 싶은 마음도 있었다.

율리우스 카이사르는 골을 정복한 뒤 라인강 동편의 농부 겸 전사들을 공격할 계획을 갖고 있었으나 기원전 44년에 암살당했다. 카이사르가 후계자로 지명해 두었던 아우구스투스가 그의 뒤를 이었고, 기원전 11년에 아우구스투스의 양자인 드루수스가 케루스키족의 고향인 베저강 동편까지 진군했다. 그러나 전황이 만만치 않았다. 2년 뒤 다시 원정에 나선 그는 엘베강까지 나아갔으나 말에서 떨어져 다리가 부러졌고, 결국 상처가 썩어들어 가는 바람에 세상을 떠났다. 로마에서는 그가 엘베강에 도달했다는 소식에 게르마니아를 이미 정복했다는 잘못된 판단을 내리고 승리를 축하했다. 그의 부대가 전투를 치른 것은 사실이다. 몇몇 이야기에 따르면, 드루수스는 케루스키족의 귀족인 세기메르와 싸워 이겼고 당시의 관습에 따라 세기메르의 장자인 아르미니우스를 인질로 잡아 로마로 보냈다. 세기메르를 얌전하게 만들기 위해서였다.

서기 4년과 5년에 드루수스의 형제 티베리우스가 엘베강까지 진군했으나 그 땅을 정복했다고 주장하지는 않았다. 그런데도 아우구스투스는 이제 그곳을 로마의 일부로 병합할 준비가 되었다고 믿고, 항복했다고 짐작되는 이 땅의 지방총독으로 푸블리우스 퀸크틸리우스 바루스 장군을 임명했다. 로마식 행정체계를 확립하고 세금을 걷는 것이 바루스의 임무였다. 그가 이 일을 수행한 방식을 보고 역사가 사이먼 샤머는 바루스가 "토이토부르크 숲의 커스터(19세기의 미국 기병대장. 아메리카 원주민과 전투를 벌인 그의 부대가 전멸했다—옮긴이)"[82], "인종적, 문화적 오만"을 내뿜는 사람이라고 묘사했다.

아르미니우스는 라틴어를 익힌 뒤 로마군에 징집되어 외인부대의 지휘관이 되었다.[83] 그리고 우월한 외인부대 지휘관에게 상으로 주어지는 로마 시민권을 얻었다. 여기서 '우월하다'

---

82 Simon Schama, *Landscape and Memory*, p. 88.

83 Clunn, 앞의 책, p. 26.

는 단어는 뛰어난 활약상보다는 케루스키족에서 그가 지닌 사회적 지위가 반영된 것일 가능성이 있다. 만약 그가 판노니아 원정 때 로마군에 복무하고 있었다면, 시르미움(현재의 베오그라드 근처)에서 시선을 끄는 뭔가와 마주쳤을 가능성이 있다. 당시 스웜프에서 주민들에게 기습당한 로마군은 하마터면 전투에서 패배할 뻔했다. 이때 아르미니우스/헤르만이 그 자리에 있었다면 숲과 보그가 섞여있는 고향 게르마니아의 친숙한 풍경을 떠올렸을지 모른다. 바루스가 총독으로 취임했을 때, 아르미니우스는 다시 고향에 돌아와 있었다. 그는 바루스와 식사를 함께 했으며, 웃는 얼굴로 그를 배반할 음모를 꾸몄다. 그의 장인이자 로마의 동맹인 세게스테스가 자신의 허락도 없이 딸과 결혼한 사위가 싫어서 바루스에게 그가 뭔가를 꾸미고 있다고 알렸으나 평소 아르미니우스의 태도가 워낙 우호적이었기 때문에 바루스는 그 말을 믿지 않았다.[84]

당시의 전투 방식은 보통 탁 트인 땅에서 양편 군대가 서로를 마주 보며 늘어서 있다가 앞으로 진군해 육박전을 벌이는 것이었다. 칼크리제 전투는 달랐다. 기습적인 매복 공격, 숲으로 뒤덮인 능선, 광대한 보그 가장자리, 안개가 피어오르는 검은 물, 숨이 막힐 정도로 좁은 전투지역 때문이었다.

아르미니우스는 인근의 어느 부족이 말썽을 피우고 있어서

---

84 Wells, 앞의 책, p. 40.

해결이 필요하다고 바루스에게 거짓 보고를 했다. 바루스는 의심하지 않았다. 전투가 벌어진 날 군단은 점점 좁아지는 길을 따라 문제의 그 부족을 향해 진군했다. 나중에는 길이 너무 좁아져서 서로 발을 밟을 정도였다. 그 길에서 벗어나면 오른편에는 진흙이 모든 것을 빨아들이는 보그가 있고 왼편에는 비탈진 삼림지대가 있었다.

아르미니우스 휘하의 병력 수천 명은 뗏장으로 만든 벽과 나무 뒤에 숨어 로마군 대부분을 그냥 통과시켰다. 그렇게 기다리고 또 기다리다가 바글바글 모여서 움직이는 군대를 기습했다. 말, 노새, 사람이 휘청거리다 쓰러지거나 점점 붉게 변하는 보그의 물속으로 도망쳤다. 고작 몇 분 만에 로마 군사 수천 명이 죽거나 다쳐서 쓰러졌고, 피가 개울처럼 흘렀다. 아르미니우스의 부하들은 그대로 돌진해서 살육을 계속했다. 만약 쓰러진 사람들이 몸속의 혈액 4~5리터 중 1리터 남짓한 양을 흘렸다면, 그 좁은 통로와 보그에는 수천 리터의 피가 흘러넘쳤을 것이다. 바루스는 이 소식을 듣고 휘하 장교들과 함께 자신이 유일하게 할 수 있는 명예로운 행동을 했다. 자신의 검 위로 쓰러져 자결하는 것. 사흘 동안 대략 1만3천~1만6천 명의 로마군과 게르만족 약 500명이 죽었다. 게르만족은 1천 명이 넘는 로마군을 생포해서 나중에 제단에 제물로 바치거나, 자신에게 승리를 안겨준 신성한 그레이트 보그에 공물로 바쳤다. 숲속의 신성한 떡갈나무에 목매달린 사람도 있었다. 승리자인 게르만족은 로마 군인들의 머리를 나무에 못으로 박아놓고, 그들의 무기와 장비를 거둬갔다. 개중 일부는 사람들이 옆에 두고 사용했지만, 많은 무기, 동전, 호부, 종, 은제 사열 마스크가 보그의 욕심 많은 수신水神들에게 보내는 감사의 봉헌물로 물속에 던져졌다. 보그의 검은 물이 이 봉헌물을 받아들이며 꿀럭꿀럭 소리를 냈다.

아르미니우스의 그레이트 보그에서 시간적으로 한참 먼 시대에 사는 나는 공간적으로도 그곳에서 멀리 떨어진 환드퓨카해협(밴쿠버섬과 워싱턴주 사이—옮긴이)의 해안선을 따라 걸었다. 층층이 쌓인 토탄층이 곰팡이 슨 라사냐 같다는 생각이 들었다. 그 위로 솟은 절벽의 카키색 흙에는 돌과 뼛조각이 가득했다. 흙이 빙판을 따라 밀고 내려오다가 다시 물러나는 과정에서 수집한 기념품들이었다. 얼음이 녹은 물이 개울과 강이 되어 절벽을 세웠다. 물에 의한 필연적인 침식이 시작된 것은 퓨젓사운드의 물과 폭풍 덕분이었다.

그 이전 어느 습한 해에 절벽은 산사태로 모양이 바뀌면서 계단 모양의 단과 능선이 번갈아 나타나는 형태가 되었다. 물이 해변까지 실어다 놓은 물건들은 토탄층의 표면을 깨끗이 핥고 바위를 반들반들하게 만드는 물살과 폭풍에 다시 실려 갔다. 그들은 지질학적인 사탕상자 안에 든 선물이었다. 평평한 단이 아래로 계속 이어지는 새로운 형태의 절벽을 차지한 것은 에퀴세툼 텔마테이아*Equisetum telmateia*라는 식물이었다. 나는 게르만족의 농부 겸 전사들이 로마인과 싸운 그 좁고 습한 길 가장자리에 이 식물이 무더기로 자라는 모습을 상상해 보았다. 데본기에 처음 나타난 거대 식물의 후손인 이 식물은 긴 세월 동안 다섯 번이나 되는 대량멸종을 이기고 살아남았다. 에퀴세툼 텔마테이아가 자라는 지역은 스웨덴에서부터 남쪽으로는 독일, 동쪽으로는 북아프리카와 아시아와 북아메리카 서해안에 이른다. 봄이 시작되자마자 이 식물에서는 구과毬果(솔방울처럼 목질의 비늘조각이 벌어진 형태의 열매—옮긴이)가 솟아오른다. 포자가 잔뜩 들어있는 이 열매는 아주 작은 풀잎 치마를 입은 것처럼 검은 띠가 가장자리에 둘러진, 연한 분홍색이 섞인 황갈색 줄기 꼭대기에 균형을 잡고 매달려 있다. 여름이 되면 대나무처럼 구획이 지어지고 속이 텅 빈 밝은 색 줄기가 능선에 바글거린다. 그 물결치는 색깔은 신선하게 번득이는 어린 포플러 이파리 같다. 줄기의 이음매에는 검은색, 앤티크 화이트(회색과 베이지색이 도는 흰색—옮긴이), 연한 초록색 띠가 또렷이 보이고, 각각의 이음매에서 구획이 있는 '이파리'가 나선형으로 솟아난다. 이파리의 크기와 형태는 살짝 익은 스파게티 가닥과 비슷하다. 이 식물 전체에 실리카가 풍부해서, 이 식물은 오래전부터 고운 사포砂布로 사용되었다. 또한 과거 공룡들의 먹이였으며, 지금은 동면에서 깨어난 곰들이 소화기관을 다시 작동시키기 위해 이 식물을 찾아다닌다(실리카 성분이 강력한 이뇨제 역할을 한다). 여름 내내 이 식물은 눈부신 초록색 탑처럼 사람들 어깨 높이로 우뚝 서있다가, 가을이 되면 갑자기 색이 흐려지면서 쓰러진다. 겨울에 나는 이 쓰러진 식물들 옆을 걸어서 지나갔다. 생생하던 색깔이 바래서 죽은 살과 비슷한 색조를 띠고, 줄기의 이음매는 여전히 회색 띠로 표시되어 있어서 멀리서 보면 능선에 쓰러진 이 식물들이 버려진 밧줄 더미와 비슷했다.

이 마지막 산책에서 뭔가에 종지부가 찍혔다. 집으로 돌아오는 길에 나는 북서부의 태평양 연안을 떠나 25년 만에 뉴잉글랜드로 돌아가기로 결정했다. 마치 다른 나라에 가는 기분이 될 것 같았다. 시간여행을 하는 기분이 될 것 같았다. 그곳에는 또 다른 에퀴세툼이 있을 것이다.

〈 4 〉

스웜프
SWAMP

캥커키 강둑에서 작업 중인 준설선

1922년 아쿠타가와 류노스케(1892~1927)는 〈덤불 속〉을 썼다. 사람들이 자신의 경험을 인식하는 방식과 그것을 남에게 전달하는 방식이 얼마나 일그러져 있는지를 고작 몇 페이지 안에 빽빽이 묘사해 읽는 사람을 불편하게 만드는 단편소설이다. 28년이 흐른 뒤인 1950년에 이 이야기는 구로사와 아키라 감독의 영화 〈라쇼몽〉이 되었다. 이 단편소설에서 사람들은 숲에서 일어난 살인사건에 대해 저마다 혼란스럽게 상충되는 이야기를 늘어놓는다. 아쿠타가와는 중국, 인도, 일본의 옛이야기 1천여 편이 수록되어 있는 12세기의 책《곤자쿠 모노가타리今昔物語》, 즉《지금과 옛날의 이야기》에서 이 단편소설의 씨앗을 가져왔다. 그는 원래 이 책에서 작품 아이디어를 자주 얻었다. 〈덤불 속〉은 변화의 시기, 대격변과 폭력적인 사건의 시대를 위한 작품인 듯하다. 거짓과 궤변

이 삶의 현실을 모두 모호하게 만들고, 사람들이 예언가의 예언과 부도덕한 마법사의 비열한 마법에 의지하려 하고, 깊은 생각 없이 자연을 공격하는 시대.

이 책에서 지금까지 우리는 영국의 넓은 펜 지대와 유럽 북부의 역사적인 보그들, 그리고 그들에게 닥친 생태학적 폭행과 인간이 그들을 이용한 방법을 언뜻 살펴보았다. 우리가 살펴볼 세 번째 토탄지대는 스웜프다. 야비하고, 절묘하고, 혼란스럽고, 항상 변화하는 스웜프. 지난 4세기 동안 미국인들은 이 나라의 토탄지대를 함부로 다뤘지만, 그레이트 디즈멀 스웜프, 블랙 스웜프, 오케페노키, 에버글레이즈, 캥커키, 림버로스트 등의 특징과 이름은 지금도 의미심장한 울림을 갖고 있다.

스웜프는 토탄이 형성되는 습지로, 덤불과 나무는 물론 심지어 숲도 이곳에서 자랄 수 있다. 사이프러스와 층층나무가 자라는 미국 남부의 스웜프가 그런 예다. 나무가 많이 자라는 것이 바로 스웜프의 두드러진 특징이다. 북아메리카의 스웜프에서는 아메리카 꽃단풍, 검은 버드나무, 사시나무포플러, 물푸레나무, 느릅나무, 스웜프 화이트 떡갈나무, 자작나무, 니사나무 등 단단한 목재가 난다. 침엽 상록수 스웜프에서는 애틀랜틱 화이트 삼나무, 가문비나무, 발삼전나무가 자란다. 낙엽을 떨어뜨리는 낙엽송은 북부의 많은 스웜프에 살고 있어서, 가을이 되면 눈부신 노란색 바늘잎들이 횃불처럼 빛난다.

숲이 있는 스웜프는 펜-보그-스웜프의 연속선 중 맨 끝에 위치한다. 마른땅의 숲과는 딱 한 걸음 차이다. 이 스웜프는 빙하시대의 유산이다. 먼저 얼음이 녹으면서 엄청나게 거대한 호수가 생겨났다.[1] 매니토바, 온타리오, 노스다코타, 미네소타, 서스캐처원에 걸쳐있던 애거시 호수의 면적은 44만 제곱킬로미터(우리나라의 약 4.4배 되는 면적—옮긴이)나 되었다. 지금의 몬태나, 워싱턴주, 아이다호에 걸쳐있던 미줄라 호수의 면적은 약 7천700제곱킬로미터(제주도의 약 4.2배 되는 면적—옮긴이)였다. 1세기 전 스웜프의 기묘한 지형과 거대한 물살 모양이 워싱턴 대학교에서 근무하던 한 지질학자의 시선을 끌었다. J 할런 브레츠라는 그 지질학자는 상당한 기간 동안 지도를 연구하고 현장을 관찰한 뒤 1920년대에 점진주의(지질학적인 변화가 항상 일정한 속도로 일어난다는 이론—옮긴이)의 삼가는 태도를 벗고 자신의 가설을 세상에 내놓았다. 미줄라 호수가 반복적으로 얼음 둑을 터뜨리고 엄청나게 범람하는 바람에 땅 위에 괴상하고 거대한 물살 모양이 생겼다는 가설이었다. 아주 오래전에 콸콸 넘쳐흐른 물이 워싱턴주 동부의 화산 용암지를 긁고 지나간 흔적이 그렇게 남았다는 것이다. 점

---

1 민물이 북극해로 콸콸 쏟아져 들어오면서 해류가 바뀌었을 가능성이 있다. 어쩌면 이것이 추운 영거 드라이아스가 시작된 요인 중 하나인지도 모른다. 이 밖에도 우리가 미처 알지 못했던 '큰 물'이 더 있다. 고대 해양 바닥 표본에서 나온 증거들로, 과거에는 바다의 넓이가 지금의 두 배였으며 30~40억 년 전에는 육지가 드물었다는 가설이 점차 구축되고 있다. 지구의 맨틀 전이대에 속한 링우다이트에도 물이 많이 함유되어 있다.

진주의가 아니라 얼음 녹은 물이 갑작스러운 재앙처럼 범람해서 협곡과 계곡을 만들었다. 4.8킬로미터나 되는 괴물 같은 골짜기를 흐르는 컬럼비아강도 이렇게 만들어졌다. 그가 제시한 이단적인 증거들은 수십 년이 지난 뒤에야 마지못해 받아들여졌다.[2]

이 대륙에 원래 살던 사람들은 강과 스웜프, 보그와 호수를 잘 알고 있었다. 그러나 영국인 정착민들과 유럽에서 미래의 미국 땅으로 새로 이주해 온 사람들은 자연을 수동적인 무생물의 세계로 보고, 인간이 이용해 주기를 자연이 기다리고 있다고 생각했다. 그들은 자연을 보존하고 보살피려고 여기까지 온 사람들이 아니었다. 나라가 점점 성장하면서 각광받은 땅도 농경지였지 습지가 아니었다.

19세기에 미국은 영토 획득의 열기 속에서 몸집을 불렸다. 1803년에 멕시코만에서부터 캐나다까지 200만 제곱킬로미터에 이르는 루이지애나 구입지(地)는 나라의 크기를 두 배로 늘려주었다. 1819년에는 애덤스-오니스 조약으로 플로리다와 오리건 일부가 미국 땅이 되었다. 약 136만 제곱킬로미터인 텍사스는 1845년에 병합되었다. 1846년에는 오리건 타협으로 캘리포니아 북부에서 환드퓨카해협까지 북서부 태평양 연안

2 John Soennichsen, *Washington's Channeled Scablands Guide* (Seattle, 2012), pp. 21 ff. "Bretz는 여론이 아니라 자신의 관찰결과를 이용해서 계속 자신의 생각을 발전시켜 나가는 동안 '터무니없는 가설'을 세웠다는 이유로 당시 사람들에게 많은 비판을 받았다." www.historylink.org/File/8382.

지역이 미국의 일부가 되었다. 대양과 호수가 영토를 감싸고, 내륙에서는 얼기설기 뻗어있는 강들이 실패에서 풀려나는 은빛 리본처럼 넘실거렸다. 이 모든 땅이 한때는 풍부한 습기를 품고 있었다. 학자들의 추정에 따르면, 17세기 초에 약 2억2천100만 에이커(약 89만4천 제곱킬로미터로, 우리나라의 아홉 배 정도 되는 면적—옮긴이)의 젖은 땅이 존재했다. 대부분 스웜프였다. 미국이 국경을 점점 밖을 향해 밀어내면서 습지도 더 많아지는 동안 인구는 1810년의 720만 명에서 1832년의 1천280만 명으로 훌쩍 늘어났다. 22년 만에 거의 두 배로 늘어난 것이다.[3] 두 팔 벌려 이민자들을 환영하는 모습은 미국의 상징이 되었고, 지금은 고통스러울 정도로 힘겨운 세상이 되었는데도 그런 평판이 여전히 세계인들의 기억 속에 남아있다.

남북전쟁 때 스웜프에서 무거운 포와 병력을 이동시키는 것은 몹시 힘든 일이었다. 군인들은 우회로를 확보하기 위해 많은 시간을 들여 길을 정리했다. 북군의 한 군인은 화이트 오크 스웜프에서 무릎 깊이거나 그보다 더 깊은 진흙탕을 헤치며 전투를 치른 뒤 "가시덤불은 무성했고, 커피 색 물속에는 기어다니는 것들이 가득했으며, 공기는 습기와 고약한 냄새로 묵직했다"고 적었다.[4] 이런 기억들이 오랫동안 남았다. 나라가

3 Thomas E. Dahl과 Gregory J. Allord, "History of Wetlands in the Coterminous United States," National Water Summary on Wetland Resources, U.S. Geological Survey Water Supply Paper 2425, 1996, pp. 3~4.

점점 성장하면서 더러운 물속에서 지독한 모험을 치른 이야기들이 계속 나오자 군대, 정부, 시민 모두가 그토록 싫은 스웜프를 어떻게든 해야 한다는 점을 분명히 깨달았다. 펜, 보그, 스웜프, 강, 연못, 호수와 인간의 좌절감이 어디서나 끔찍하게 뒤섞여 있었다. 모든 것을 빨아들이는 습지가 많은 이 나라에서 습지는 점점 아무도 원하지 않는 엄청난 혐오의 대상으로 변해갔다.

스웜프는 흔히 마시marsh라고 (잘못) 불리는데, 마시에서는 보통 풀과 갈대가 자라는 반면 스웜프에서는 나무에 가까운 덤불과 나무가 자라는 점이 다르다. 사실 일상 대화, 서적, 보고서, 문학, 대중매체에서 습지의 다양한 이름은 아무렇게나 자유로이 사용된다. 마저리 스톤맨 더글러스는 에버글레이즈를 "풀의 강"이라고 불렀고, 마이클 그런월드는 "스웜프"라고 불렀다. 인디애나에 정착한 사람들은 자원이 풍부한 그랜드 캥커키 마시를 매우 좋아했으며, 오하이오 사람들은 그레이트 블랙 스웜프를 저주하며 욕하다가 그레이트 블랙 농경지로 만들었다. 단테의 《신곡》 〈지옥〉편 7곡에는 단테와 베르길리우스가 개울을 따라 깊은 골짜기를 통과해서 다섯 번째 지옥으

---

4 Weymouth T. Jordan, "'Drinking Pulverized Snakes and Lizards': Yankees and Rebels in Battle at Gum Swamp," *The North Carolina Historical Review* 71, no. 2, 1994, pp. 207~231.

로 내려가는 장면이 나온다. 단테는 마시의 풀이나 갈대를 언급하지 않지만, 이 개울의 발원지가 고지대의 샘이라고 구체적으로 밝힌다. 그 샘이 다섯 번째 지옥에 고여 힘찬 개울이 되었다는 것이다. 문학작품에 등장하는 이런 습지는 광물을 함유하고 있는 것 같다. 즉, 토탄이 형성되지 않는 습지다. 그런데 지옥의 낮은 층에는 지하에서도 영원히 타오르는 토탄지대의 좀비 불들이 어디에나 있었다.

> 그 음울한 개울이 사악하고 어스름한 절벽의
> 기슭에 닿았을 때
> 사람들이 스틱스라고 부르는 마시로 퍼졌다.[5]

존 스틸고는 잉글랜드 남동부의 사투리를 이야기하면서, 염분이 있는 마시를 통과하는 통로의 이름이 뒤죽박죽 사용되는 것에 대해 썼다.[6] 개울creek, 시내brook, 수로ditch, 도랑gutter, 거즐guzzle(원래 '꿀꺽꿀꺽 마시다'라는 뜻인데, 여기서는 물이 흐르는 모양을 묘사하는 단어가 물길을 일컫는 명사가 된 사례인 듯하다—옮긴이)이라는 단어가 무차별적으로 사용된다는 것이다.

---

5 Dante Alighieri, *The Divine Comedy*, Lawrence Grant White 번역 (Pantheon, 1948), p. 13. *The Divine Comedy of Dante Alighieri. The Italian Text with a Translation in English Blank Verse and a Commentary by Courtney Langdon, vol. 1 (Inferno)* (Cambridge: Harvard University Press, 1918).

6 John R. Stilgoe, *Shallow Water Dictionary* (Princeton Architectural Press, 1994).

연못[pond], 호수[lake], 웅덩이[hole]에도 저마다 복잡한 변형이 있다. 물과 관련된 단어들의 이러한 혼란이 언젠가 분명히 정리될 것 같지는 않다. 아쿠타가와의 작품에서 숲의 사건이 결코 분명히 밝혀지지 않는 것과 마찬가지다. 토탄지대는 워낙 변화무쌍하고 모든 종류의 보그, 펜, 스웜프가 한데 어우러져 있는 경우가 많기 때문에, 평범한 사람이 올바른 용어를 선택해서 말할 가능성은 때로 절반에 지나지 않는다. 습지 관련 어휘가 지역마다 다르기 때문에 더욱 그렇다. 고대 인도 아대륙의 이야기인, 눈먼 사람들이 코끼리를 만지는 우화와 비슷하다. 전 세계로 퍼져나간 이 이야기는 불교, 힌두교, 자이나교 문헌에 통합되었다. 눈먼 남자들은 각각 코끼리의 다른 부위를 만져본 뒤, 이 짐승의 모양이 뱀, 부채, 벽, 창과 비슷하다는 결론을 내린다. 서로 엇갈리는 진실의 조각들을 반드시 한데 모아서 조합해야만 전체적인 진실에 도달할 수 있음을 보여주는 사례다. 토탄지대도 이 코끼리와 조금 비슷해서, 우리가 코끼리의 어떤 부위를 만졌는가에 따라 이름이 달라질 수 있다. 우리는 눈에 보이는 것만 볼 뿐, 반드시 그곳에 있는 모든 것을 보지는 못한다. 그리고 자신이 아는 것만 글로 쓸 뿐, 반드시 눈으로 본 것을 모두 쓰지는 않는다.

보그가 많은 넓은 황무지를 건너갈 길을 찾으려면 무척 고생스러울 것이다. 군데군데 있는 마른땅은 지형이 험하고, 이정표로 삼을만한 것이 없어서 무력하게 눈을 두리번거려도 단

조로운 풍경만 보일 뿐이다. 모든 것이 물결처럼 구불구불하다. 위로 올라간 곳이나 아래로 꺼진 곳이나 색이 선명하지 않고 감각도 둔해진다. 하지만 스웜프는 다르다. 철벅거리는 물이 어디에나 있지만, 이정표가 될만한 것이 있다. 쓰러진 나무나 깔쭉깔쭉한 그루터기, 왜가리가 살고 있는 둥지, 가끔 섬처럼 솟은 땅에서 자라는 단단한 나무들. 남부에서는 이렇게 나무가 자라는 곳을 '해먹'이라고 부른다. 그래도 스웜프를 지나는 사람은 똑바로 나아가지 않고, 구불구불 움직인다. 가늘게 흔들리는 섬에서 빽빽한 풀숲으로, 거기서 물에 반쯤 잠겨 미끌미끌한 통나무로. GPS를 동원해도 커다란 스웜프는 길을 잃기 좋은 곳이다. 과거에는 남들의 시야에서 녹듯이 사라져야 할 이유가 있는 많은 사람들, 이를테면 협박을 받아 자기 땅에서 쫓겨난 원주민, 도망노예, 남북전쟁 때의 탈영병, 밀주업자, 피로 물든 살인자 등이 이런 곳에 몸을 숨겼다. 나도 스웜프에 숨어버릴까 하고 몇 분 동안 생각한 적이 있다.

내가 열 살 때 우리 가족은 로드아일랜드의 셋집에 살았다. 내 기억에 그 집에서 가장 눈에 띄는 특징은 아래층 층계참 벽에 난 커다란 구멍이었다. 모양은 인간의 팔과 비슷했다. 우리는 그 집에 잠시 살고 있을 뿐이었으므로 그 구멍에 별로 관심을 기울이지 않았지만, 나중에 생각해 보니 그것은 누군가가 계단을 구르듯 내려와서 벽에 세게 부딪혔다는 증거였다. 학교에 가기 싫은 평일이 지나면 토요일은 자유 시간이었다. 나는 어부의 길이 빙 둘러 에워싸고 있는 인근 스웜프로 가끔 혼자 나갔다. 땅에서 멀리 떨어져 닿을 수 없는 물 위에 죽은 나무 한 그루가 서있었다. 가지는 하나도 없고, 키가 크고 햇빛에 하얗게 바랜 그 나무 꼭대기 근처에는 커다란 구멍이 하나 있었다. 그렇게 물에 잠긴 나무에 왜가리가 둥지를 튼다는 이야기를 어디선가 읽은 적이 있었다. 그 이야기에 따르면, 어느 스웜프에서 어떤 남자가 사다리를 가져와 나무에 기대어 세워놓고 올라가 왜가리 둥지를 들여다보려고 했는데 그가 둥지와 같은 높이까지 올라갔을 때 왜가리가 그의 눈을 찔렀다고 했다. 뇌까지 찔린 남자는 사다리에서 떨어져 죽었다. 나는 우리집 근처 그 스웜프의 죽은 나무에도 왜가리 둥지가 있는지 보고 싶었다. 어쩌면 살아있는 왜가리가 있을지도 모르고… 심지어 사다리 잔해까지 있을 수도 있고… 심지어 햇빛에 하얗게 바랜 두개골이 바닥에 있을 수도 있었다. 스웜프에 도착해보니 작은 뗏목 하나와 삿대가 물가에 있었다. 그곳에서 뗏목을 본 것은 처음이었다. 주변에는 아무도 없었다. 주인이 버리고 간 물건인가. 그래, 그럴 가능성이 높았다. 내게는 기회였다. 나는 황갈색 물 위로 뗏목을 밀고, 그 위에 올라타 죽은 나무를 향해 삿대로 뗏목을 몰았다. 목적지까지 절반쯤 갔을 때 누군가가 펄펄 화를 내며 고함을 지르는 소리가 들렸다. 뒤를 돌아보니 학교에서 가장 못된 남자아이 두 명이 물가에서 펄쩍펄쩍 뛰면서 내게 닿지도 않을 진흙덩이를 던지고 있었다.

내가 그들의 뗏목을 훔쳐 탔기 때문이었다. 숨을 곳을 재빨리 찾아보았지만 마땅한 곳이 없어서 나는 방향을 바꿔 스웜프의 반대편 끝까지 사선으로 가는 경로를 택했다. 목적지에 도착한 뒤 삿대를 이용해 단단한 땅 위로 올라갔더니 오솔길 하나가 눈에 띄었다. 나는 내 범죄현장에서 전속력으로 도망쳤다. 그렇게 얼마쯤 도망치다가 내가 삿대를 아직도 들고 있음을 깨닫고, 가져가기 좋게 나무에 얌전히 기대어 세워둔 다음 집을 향해 가던 길을 계속 갔다.

많은 현대 미국인들은 왜가리가 있든 없든 스웜프를 좋아하지 않는다. 사탕발림 또는 강요로 인해 스웜프에 발을 들여놓았을 때는 불편함, 짜증, 당혹감, 갑갑함을 느낀다. 스웜프에 들어가면서 으스스한 아름다움이 있는 복잡하고 진기한 세상에 몸을 던진다고 생각하는 사람은 소수(우리 어머니가 그렇다)뿐이다. 우리 어머니의 영웅 중 한 명인 헨리 데이비드 소로(1817~1862)는 불가해한 뉴잉글랜드 사람으로 측량사 겸 박물학자 겸 에세이 작가였다. 그는 스웜프에 깊은 관심을 갖고 거기서 가장 심오한 아름다움을 발견했기 때문에 스웜프의 수호성인으로 불린다. 평생 동안 스웜프에 대한 애정을 글로 표현한 그의 에세이 중 〈걷기〉에 가장 느낌이 있는 구절이 나온다.

> 그렇다, 여러분이 보기에는 내가 이상한 사람 같을지 몰라도, 인간이 예술로 만들어 낸 가장 아름다운 정원 인근과 우울한 스웜프 중 한 곳

을 거주지로 고르라는 제안을 받는다면 나는 당연히 스웜프를 고를 것이다.

그는 심지어 스웜프를 향해 창문이 난 집을 갖는 것이 꿈이라는 말도 했다. 그러면 그 집에서 "높이 자란 블루베리, 원추형 꽃들이 자라는 안드로메다 연못, 램킬(진달래과에 속하는 관목—옮긴이), 진달래, 로도라(철쭉의 일종—옮긴이)… 흔들리는 물이끼 속에 서있는 이 모든 것"[7](보그와 스웜프 사이 중간 단계를 묘사한 듯하다)을 볼 수 있을 것이라면서.

1980년대 무렵 미국의 습지는 대략 절반이 쓸려나간 상태였다. 습지가 이보다 훨씬 더 많이 사라진 주도 있었다. 항공사진 덕분에 습지의 크기를 추정하는 것이 가능해지자, 1990년 미국 어류 및 야생동물 관리국은 1600년대 이후 이 나라의 보물 같은 습지가 1억300만 에이커(약 40만4천68여 제곱킬로미터로 우리나라의 네 배 정도 되는 면적—옮긴이)로 줄어들었으며 일부 주에서는 원래 있던 습지가 거의 모두 사라졌음을 보여주는 연구결과를 발표했다. 그 뒤 2004년부터 2009년 사이에 6만2천300에이커(약 252제곱킬로미터로 울릉도의 3.46배 정도 되는 면적—옮긴이)의 습지가 더 사라져 농경지 또는 택지로 개발

---

7 Henry D. Thoreau, "Walking," 1861.

되었다. 습지는 지금도 퇴적 패턴, 비료가 섞인 빗물, 유출된 화학물질, 점점 증가하는 홍수, 폭풍, 가뭄, 화재, 해수면 상승으로 인해 계속 사라지고 있다.

해수면 상승은 눈에 잘 띄지 않으면서 동시에 노골적이다. 폭풍이 대홍수를 몰고 온 뒤에야 해수면 상승을 눈치챌 수 있다는 점에서 그렇다. 중석기시대에는 도시가 전혀 없고 인구도 적었다. 그래서 사람들이 돌아다닐 여유 공간이 있었다. 현대에는 거대한 도시들이 있고, 사람이 살만한 공간 중에 비어있는 곳이 별로 없다. 해수면 상승 문제를 보여주는 대중적인 사례 중 하나는 햄프턴로즈에 있는 노퍽 해군기지다. 햄프턴로즈는 체서피크만에 있는 천연 정박지역으로 수심이 깊고, 제임스강, 낸스먼드강, 엘리자베스강이 이곳으로 흘러 들어간다.[8] 그런데 지금은 바닷물이 다른 곳보다 두 배의 속도로 불어나고 있다. 환경 저술가 제프 구델은 이 해군기지를 방문한 뒤 이렇게 썼다. "기지에 높은 땅이 없어서 어디로도 물러날 수 없다. 스웜프를 준설해서 포장해 놓은 곳 같은 느낌이다. 실제로도 거의 그렇다." 이 기지가 어떤 위험에 처해있는지는 잘 알려졌지만, 이 문제에 대처하기 위한 조치는 거의 이루어지지 않았다. 번거로운 관료주의, 기후변화를 부정하는 하원의원들, 문제를 해결할 시간적 여유가 있을 것이라는 기묘한

8 '햄프턴로즈'는 체서피크만 주위로 아홉 개 도시가 모여있는 지역이기도 하다.

환상 때문이다.

폭풍우 뒤에 호기심 많은 아이가 개울에 막대기를 넣어 비스듬한 방향으로 깊이 긁으면, 개울이 원래 경로를 버리고 막대기가 그어놓은 선을 따라온다. 이것이 배수의 원리다. 인류는 이렇게 선천적이고 실존적인 호기심을 지니고 있기 때문에, 자연을 상대로 생각 없이 나쁜 짓을 저질렀다. 농부들은 어렸을 때부터 언제든 배수용 도랑을 팔 수 있게 삽을 가지고 다녔다. 정부는 육지면적을 넓히기 위해 언제나 배수사업의 손을 들어주었다. 새로 들어오는 이민자들을 생각하는 마음도 여기에 부분적으로 작용했다. 1849년 의회는 스웜프 랜드법을 통과시켰다. 그 뒤로도 여러 차례 제정된 같은 종류의 법 중 최초인 이 법에 따라 연방정부 소유이던 습지가 각 주정부 소유로 넘어가고, 배수를 목적으로 물에 흠뻑 젖은 그 땅을 나눠줄 권리도 함께 넘어갔다. 이런 법 때문에 공짜로 가져갈 수 있는 땅이 무한히 많다는 허구적인 믿음이 영원히 굳어졌다. 이런 법은 또한 여러 계절과 여러 해에 걸쳐 자연의 변화를 관찰할 능력 또는 의지가 우리에게 없음을 보여주었다.

그래도 파괴가 이루어지고 있음을 인식한 사람이 있기는 했다. 버몬트주의 정치가 겸 농부인 조지 P. 마시가 좋은 예다. 그가 1874년에 발표한 《인간의 행동으로 바뀐 땅》은 시대를 1세기쯤 앞선 책이었다. 그는 다음과 같이 썼다.

…인간은 어디서나 불편을 일으킨다. 어디든 인간이 발을 디딘 곳에서는 자연의 조화가 불화로 바뀐다. 기존 체제의 안정성을 보장하던 균형과 조화가 뒤집힌다. 토착 동식물이 싹 사라지고 외부에서 들어온 다른 생물들이 그 자리를 차지한다. 자연스러운 생산은 금지되거나 제한된다. 지표면이 맨살을 드러내거나, 아니면 마지못해 자라는 새 식물들과 외래 동물들이 그 땅을 뒤덮는다.[9]

20세기 초에 물새가 사라지는 것에 마음이 쓰인 사람들은 매달 마음대로 새를 잡는 상업적인 사냥꾼을 탓했다. 여성용 모자를 장식하는 깃털을 구하기 위해 1년 동안 죽어나가는 새가 무려 500만 마리나 되었다. 마이클 그런월드는 플로리다 에버글레이즈의 파괴를 블랙코미디로 묘사한 글에서 다음과 같이 썼다.

둥지를 트는 계절이 절정에 이르렀을 때, 깃털을 노리는 자들은 군락지로 나가 참을성 있게 한 번에 한 마리씩 쏘아 죽인다. 뒤에 남은 시체는 썩어가고 무력한 새끼들은 너구리, 까마귀, 독수리에게 잡아먹힌다. 그들이 사용하는 무기는 조용하다… 그래서 총소리가 잔가지를 꺾는 소리처럼 들린다. 새들은 그 소리를 거의 알아차리지 못하며, 설사 알아차리더라도 성체들은 새끼를 버리고 갈 수 없어서 둥지를 거의 떠나

9 George P. Marsh, *The Earth as Modified by Human Action* (New York, 1874), p. 34.

지 못한다.[10]

물새가 사라지는 가장 큰 원인이 스웜프 서식지 파괴임을 알려주는 증거가 점점 쌓여가는데도, 미국 어류 및 야생동물 관리국은 1945년 대중을 위한 야생동물 요리책을 발간했다. 이 책에 서문을 쓴 유명한 카툰 작가 겸 자연보호주의자이며 공화당 지지자인 '딩' 달링은 과거의 상업적 사냥꾼들을 다시 겨냥했다.[11]

> 남북전쟁이 끝날 무렵, 상업적인 사냥이 사냥감 감소에 이미 심각한 영향을 미치고 있었다. 사냥감 거래가 절정에 이른 것은 십중팔구 1880년대일 것이다… 물새들은 상상할 수 있는 모든 방법으로 수백만 마리씩 죽임을 당했으며, 공개된 시장에서 마리당 몇 센트에 판매되었다. 과거의 상업적인 사냥꾼들은 총알 한 방으로 무려 50~100마리의 물새를 죽일 수 있는 선회포나 펀트건(19세기와 20세기 초에 상업적인 물새 사냥에 사용된 초대형 산탄총—옮긴이)을 사용했다.

여가를 즐기기 위한 물새 사냥에는 법률가와 의사, 부유한

---

10 Michael Grunwald, *The Swamp, the Everglades, Florida, and the Politics of Paradise* (New York, 2006, 2007), p. 121.

11 Frank G. Ashbrook과 Edna Sater, *Cooking Wild Game* (New York, 1945), pp. 3~4. 이곳에 소개된 요리법 중에는 "토마토소스로 조리한 주머니쥐… 사향뒤쥐 미트로프… 검둥오리 튀김"이 포함되어 있었다. 오늘날 달링과 견줄만한 카툰작가로는 오스트레일리아의 Andrew Marlton이 있는데, '무정부-유대류주의'를 내세운 풍자만화 *First Dog on the Moon*으로 전 세계에 팬을 거느리고 있다.

사업가, 법관과 정치꾼 등 사회에서 목소리를 낼 수 있는 사람들이 점점 참여했다. 세월이 흐르는 동안 그들은 사냥의 즐거움을 느끼게 해주던 대규모 오리 떼가 어찌 된 영문인지 사라져 버리는 것을 목격했다. 여느 때처럼 이번에도 손가락질의 대상이 된 악당은 상업적인 사냥꾼이었으나, 중서부 스웜프의 물을 빼서 농경지를 만든 탓에 오리 서식지가 눈에 띄게 줄어들었다는 사실을 생물학자들이 처음으로 지적하고 나섰다. 습지 보존이라는 새로운 개념이 오리의 솜털을 타고 허공을 떠돌았다.[12]

미국 남해안의 커다란 스웜프들은 예나 지금이나 자연계의 보물이다. 개발에 시달려 알아보기 어려울 정도로 손상된 곳도 있지만, 야생생물의 레퓨지아 또는 공원으로 보존되어 아직도 풍요롭고 놀라운 모습을 간직한 곳도 있다. 이런 곳을 찾는 사람들은 과거 식물학자 윌리엄 바트럼이 그랬던 것처럼 놀라움과 기쁨을 느낄 수 있다. 1739~1773년에 조지아와 플로리다를 탐험하며 여행한 바트럼은 열대 야생의 모습이 보존된 남부를 보여주었다.[13] 지금은 오로지 그의 글과 그림을 통해서만 접할 수 있는 그곳에는 극도로 예민한 세미놀족, 교활한 악어, 이름은 없지만 몹시 아름다운 꽃, 한데 모여 자라는

---

12 www.thebeatnews.org/BeatTeam/history-federal-wetland-protection/.

13 William Bartram, *Travels Through North and South Carolina, Georgia, East and West Florida, 1790*, 일명 *Travels and Other Writings* (Library of America, 1976).

총검 모양의 풀, 거대한 검은색 떡갈나무, 이름을 알 수 없는 식물 등이 있었다.

윌리엄 바트럼은 필라델피아의 퀘이커교도인 존 바트럼(1699~1777)의 아들로 식물학자 겸 여행가 겸 저술가였다. 조지 3세에 의해 미국 식민지 식물학자로 임명된 존 바트럼은 필라델피아의 자기 땅에 이 나라 최초의 식물원을 만들었다. 바트럼 부자는 식물탐사 여행을 함께 나갈 때가 많았다. 조지아주의 로어 알타마하에 간 것도 그런 여행 중 하나였다. 그곳의 사구砂丘 보그에서 바트럼 부자는 1765년 프랭클리니아를 처음 발견했다.[14] 작고 아름다운 이 나무는 이제 야생에서는 멸종했지만, 윌리엄 바트럼이 조지아 여행 때 수집한 씨앗 몇 알의 후손이 정원을 가꾸는 미국인들에게 지금도 여전히 기쁨을 안겨주고 있다. 나는 바트럼 부자를 생각하며 예전에 워싱턴주 포트 타운센드의 내 집 정원에 프랭클리니아의 가까운 친척인 스튜어티아를 심은 적이 있다. 이 나무는 멋지게 자랐지만, 내가 그곳에 사는 동안 꽃을 피우지는 않았다.

바트럼이 두 번째로 발견한 식물은 귀한 약초였다.

> 요새로 가까이 다가가던 나는 아름다운 덤불 두 개가 새로 눈에 들어와서 너무나 기뻤다. 모두 꽃을 활짝 피우고 있었다. 둘 중 하나는 고

---

14 John Bartram은 자신이 수집한 식물 표본을 Linnaeus에게 보냈고, Linnaeus의 제자인 Peter Kalm이 미국에 왔을 때 수집을 도와주었다. Bartram의 집은 필라델피아 외곽에 있었다. 그의 식물원은 지금도 'Bartram's Garden'이라는 이름으로 존재한다.

드니아[프랭클리니아 알라타하마(원전의 오기)]와 같은 종인 것 같았지만, 꽃의 크기가 더 크고 향기도 더 강했다… 다른 하나도 처음 것 못지않게 아름답고 독특했다. 높이는 12~15피트(약 3.7~4.6미터—옮긴이)… 관 모양의 연한 파란색 꽃들이 커다란 원추형을 이루고 있고 안쪽에는 진홍색 점이…[15]

이 식물은 핑크네야 푸벤스*Pinkneya pubens*, 즉 조지아의 '해열제 나무'였다. 아메리카 원주민들이 진드기열, 근육통, 기생충, 열병, 말라리아에 사용한 약 키니네[16]의 천연 공급원이다.

윌리엄 바트럼은 여행하면서 오렌지와 도토리를 먹는 칠면조와 곰이 "그 먹이로 지극히 살이 쪄서 맛있는 고기가 된다"[17]고 언급했다. 여행 중에 위험에 처하거나 전염병에 걸릴 때도 있었다. 그가 모닥불을 피워놓고 잠든 어느 날도 그런 때였다. "… 즐거움은 순간뿐이고, 나는 깨어나서 크게 놀랐다. 주위의 깊은 스웜프에서 들려오는 올빼미의 무시무시한 비명 때문이었다… 그 소리가 점점 커지면서 사방으로 몇 마일이나 떨어진 곳까지 퍼져나가 어둡고 광활한 숲이 무섭게 진동했다."[18] 지난봄에 나는 뉴햄프셔의 숲에서 사랑에 고민하는

---

15 Bartram, 앞의 책, p. 38.

16 Richard L. Thornton, "American Farmers Could Be Growing the Tree for Producing Quinine Right Now!" The Americas Revealed, 2020년 3월 29일자, apalacheresearch.com/2020/03/9/.

17 Bartram, 앞의 책, p. 103.

18 같은 책, p. 126. 봄밤에 구애하는 올빼미는 밤새 엄청난 소리를 낼 수 있다.

올빼미가 이 글과 비슷하게 시끄러운 소리로 후후 울어대는 것을 들었다.

브룩 민리의 스윔프 견본

미국의 생물학자 겸 조류학자 브룩 민리(1915~2007)는 바트럼 부자가 2세기 전에 가보았던 모든 스웜프를 자세히 알고 있었다. 그는 학자로서의 삶을 남부 스웜프에 모두 바쳤다. 그의 관찰력과 사진을 통해 우리는 70년 전 이 습지들이 어떤 모습이었는지 알 수 있다. 메릴랜드에서 태어나 메릴랜드 대학에서 공부한 민리는 조류학자의 자격으로 내무부에서 일했다. 그렇게 일하는 동안 그가 찍은 스웜프 서식지와 새 사진이 수천 장이나 된다. 이제는 존재하지 않는 장소와 새가 그 사진 속에 많이 담겨있다. 그의 저서 《패턱센트 강 야생벼 습지》는 오랫동안 지속적으로 관찰하는 일이 얼마나 중요한지 보여준다. 그는 메릴랜드의 패턱센트 강가에서 수십 년 동안 변화를 관찰했다. 그리고 1993년에 이런 글을 썼다. "옛날, 60년쯤 전에 그 습지에 갔을 때가 생각난다… 순수한 야생벼 밭. 지금은 그 땅 대부분이 덤불 스웜프가 되었고, 초기 삼림 단계로 서서히 넘어가는 중이다."[19]

---

19 Meanley, *The Patuxent River Wildrice Marsh*, 1993, p. 5.

제2차 세계대전 때 민리는 조지아주에서 4년 동안 복무하면서, 몸과 마음에 상처를 입고 귀환한 군인들의 재활을 도왔다. 몸은 덜덜 떨리고 신경은 과민한 이 군인들을 데리고 인근 숲이나 스웜프로 나가 산길을 걷거나 들새를 관찰하는 것이 그가 사용한 방법이었다. 이 아마추어 새 관찰자들이 이런 나들이에서 정신적 균형을 얼마나 되찾았는지, 자연계에 대해 평생 관심을 갖게 되었는지는 추측만 할 수 있을 뿐이다. 어쩌면 오래된 숲을 베면 새들의 중요한 서식지가 사라진다는 사실을 민리가 그들에게 가르쳐 주었는지도 모른다.

수십 년 동안 현장 연구를 하면서 민리는 몇몇 철새(붉은깃찌르레기를 비롯한 여러 종류의 찌르레기)에 대해 엄청난 지식을 쌓았다. 남부의 논에서 배불리 먹는 이 새들이 전체 수확량 중 큰 부분을 가져간다는 것이 당시 쌀을 재배하던 농부들의 믿음이었다. 민리를 비롯한 여러 학자들은 새들을 식별하기 위해 몸에 띠를 둘러주고, 수천 마리 새의 모이주머니 내용물을 조사하고, 수확기와 이동기와 씨앗 뿌리는 시기를 관찰하고, 그 밖에 새들을 쫓아내려고 덫을 놓거나 죽이거나 겁을 주는 방식 등 헤아릴 수 없이 많은 세세한 부분들도 관찰했다. 이런 과학적인 연구 결과, 새들이 약탈해 가는 분량이 농부들의 짐작보다 훨씬 적고, 씨앗을 뿌리는 시기와 수확기를 잘 조정하면 심각한 손실을 피할 수 있음이 밝혀졌다. 또한 학자들은 새들이 상당수의 해충을 먹어치운다는 사실도 발견했다. 때로는 농사를 돕기 위해 내린 결론과 그의 개인적인 감정이 어긋나기도 했다. 곡식 손실을 줄이기 위해 논 주변의 덤불과 나무를 제거하는 '청정 농경'을 목표로 삼았으면서도, 논의 경계선 주위에 있는 덤불과 숲이 야생동물에게 좋은 서식지가 될 뿐만 아니라 찌르레기가 둥지를 짓고 휴식을 취하기에도 매력적인 장소라고 부드럽게 언급한 것이 그런 경우다. '청정 농경'은 오래된 숲을 깨끗이 벌목하는 것과 조금 비슷하다. 동물, 새, 곤충의 서식지를 없앤다는 점이 그렇다. 민리가 열심히 맡은 일을 하면서도 찌르레기들에게 마음을 준 것처럼 느껴질 때가 많다. 그는 논 주변의 다른 새들에게도 시선을 주었다. 찌르레기들의 보금자리를 정기적으로 돌아다니던 그는 자신 외에 육식성 포유류와 새도 그 일대를 감시하고 있음을 알아차렸다.[20] "아칸소주 프레리 카운티 헤이즌 근처의 어느 전형적인 보금자리에서 1953년 1월 20일에 육식조 일흔아홉 마리가 관찰되었다. 세 종류의 매 일흔네 마리와 세 종류의 올빼미 다섯 마리였다."

남부 습지에서 민리가 보낸 세월은 그의 저서 《스웜프, 강바닥, 그리고 등나무 숲》에 요약되어 있다. 나는 민리의 글을 읽을 때까지는 슬로박Slovak 수풀이라는 이름을 들어본 적이 없었다. "14에이커(약 5만6천656제곱미터로 축구장의 약 여덟 배 면

20 Meanley, *Blackbirds of the Southern Rice Crop* (U.S. Dept. of the Interior, Fish and Wildlife Service, Resource Publication 100, 1971), p. 30.

적—옮긴이) 넓이의 슬로박 수풀은 아칸소주 스터트가트 근처 그랜드 프레리 중심부에 있는데, 나는 에이커당 이렇게 굉장한 야생생물이 이렇게 많이 빽빽이 모여있는 곳을 처음 보았다."[21] 그날 그는 하늘을 완전히 새까맣게 가린 2천만 마리의 새를 보고 사진으로 찍었다. 그 새들을 이제는 볼 수 없을 것이다.

스웜프와 새는 한 몸과 같다. 스웜프가 사라지면 새도 사라진다. 뉴월드 워블러(일명 '우드 워블러')는 연작류에 속하며, 몸집이 작고(참새보다도 작다), 남아메리카 및 중앙아메리카와 알래스카 및 캐나다의 한대 숲을 오가는 철새다. 민리는 50마리쯤 되는 이 새들의 무리를 가장 좋아했다. 이 새들의 몸은 대부분 밝은 색이고, 복잡한 고음으로 이루어진 그들의 노랫소리를 듣기는 쉽지 않다. 나뭇가지와 갈대 사이를 포르르 날아다니는 모습은 마치 바람 부는 날 비치는 햇살 같아서 눈에 잘 띄지 않는다. 모든 조건이 완벽하게 갖춰져 있다면, 이 새의 수명은 10년이지만 집고양이, 풍력발전기, 거대한 유리 건물 등이 있는 세상에서는 2년만 살아남아도 운이 좋은 편이다. 민리는 사우스캐롤라이나의 아이온 스웜프 주변 저지대가 검은가슴아메리카솔새Bachman's warbler의 좋은 서식지임을 알게 되었다. 한때 철새 중 개체수가 일곱 번째로 많았던 이 새는 매

21 Meanley, *Swamps*, p. 95. '슬로바키아'에 슬라브족이 이주해 와서 정착한 때는 1890년대다.

년 쿠바에서 올라와 미국 남동부의 블랙베리 스웜프와 등나무 숲에서 알을 낳았다. 아이온 스웜프(초창기 지주였던 제이콥 아이온에서 온 이름)는 초창기 미국 조류학자이던 존 바크만 목사의 사냥터였다. 그가 1833년에 처음으로 발견했고 지금은 이 나라에서 가장 희귀해진 새가 바로 검은가슴아메리카솔새다. 그의 친구 오듀본은 이 새를 저서 《조류학 전기》에 수록했다. 다른 지역들에서 배수와 벌채가 진행되면서, 이 새들은 아이온을 피난처로 삼았다. 민리는 자신이 평생 동안 검은가슴아메리카솔새를 두 번(1958년과 1963년) 볼 수 있었던 것을 행운으로 생각했다. 이 새가 이미 멸종 직전임을 알고 있었기 때문이다. 1977년 이후로는 누구도 이 새를 본 적이 없기 때문에, 나그네비둘기와 흰부리딱따구리처럼 이 새도 멸종한 것으로 여겨진다.

화이트 리버 윌더니스는 1935년에 국립 야생생물 보호구역으로 지정되어, 지금도 아칸소주의 가장 소중한 야생조 보호구역으로 남아있다. 민리는 1950년대 초에 이곳에서 일하면서, 저 유명한 흰부리딱따구리가 눈에 띄지 않는지 항상 주의를 기울였다. 속으로는 이 새가 1930년대에 모두 없어졌을 가능성이 높다고 생각했으나, 이 딱따구리가 1943년 싱어 트랙트에서 목격되었다는 보고가 사실로 확인된 가장 마지막 보고였다고 조류학자 조지 라워리가 저서 《루이지애나의 새들》에서 밝힌 것에 주목했다. 루이지애나 북동부의 원시림인 이곳은 당시 싱어 재봉틀 회사의 소유였다.

가장 품질이 좋은 단단한 목재는 루이지애나 북동부의 싱어 트랙트 스웜프 310제곱킬로미터(서울의 절반 정도 되는 면적—옮긴이)에서 자라는 나무에서 나왔다. 흰부리딱따구리 덕분에 유명해진 제임스 태너는 이곳을 '처녀림'이라고 묘사했다. 민리는 1972년에 "미국 남부에서 고작 35년 전에 이토록 많은 희귀동물이 살고 있던 스웜프나 저지대 숲을" 알지 못한다고 말했다. "흰부리딱따구리, 검은가슴아메리카솔새… 퓨마… 아메리카 붉은이리 외에도…".[22]

싱어 트랙트는 이제 텐자스강 상류 유역의 국립 야생생물 보호구역이 되었다. 이곳의 나무가 벌채되기 전인 1930년대에는 흰부리딱따구리 일곱 쌍이 어쩌면 여기서 살았을 가능성이 있다. 태너의 주장처럼 아주 오래돼서 썩어가는 나무의 껍질 아래에서 나무에 구멍을 뚫는 딱정벌레를 잡아먹으며 살았을 것이다. 그러나 지금까지 보존되어 있는 흰부리딱따구리 세 마리의 위장 내용물을 보면, 이들의 식단은 피칸, 옻나무 열매, 목련 씨앗, 히코리 열매 등 다양했다.

1912년에 뉴욕주의 핑거 레이크스 지역에서 태어난 제임스 T. 태너는 코넬 대학교에서 유명한 조류학 연구소 설립자인 아서 앨런 밑에서 공부했다. 앨런의 관심대상 중 하나가 흰

---

22 Meanley, 앞의 책, p. 90.

부리딱따구리였다. 이 새는 당시 이미 멸종된 것으로 여겨졌으나, 앨런이 1924년에 플로리다에서 이 새 한 쌍을 보았다. 1932년에는 루이지애나에서도 이 새가 목격되자, 앨런은 새의 그림을 그려줄 화가, 사운드 엔지니어, 대학원생(제임스 태너)과 함께 이 희귀한 새를 진지하게 찾아나섰다. 나중에 태너는 흰부리딱따구리 일가족을 3년 동안 연구했는데, 이것이 현존하는 유일한 생물학적 연구기록이다. 태너에게도 편견이 없지는 않았다. 눈에 잘 띄지 않는 새를 찾아다니며 아직도 희망을 잃지 않은 사람들은 태너가 흰부리딱따구리는 반드시 원시림에서만 살 수 있다는 확신 때문에 그보다 젊은 숲으로 새가 피난했을 가능성을 고려해 보지 않았다고 지적한다. 또한 한 사람(태너)의 힘으로는 흰부리딱따구리가 살만한 스웜프 숲을 모두 조사할 수 없었을 것이라고 생각하는 사람도 있다. 벌목꾼과 조류학자가 그곳에 나타나기 전에 주민들은 장식품으로 사용되는 부리를 얻으려고 이 새들을 사냥했다. 이 새가 희귀해졌다는 사실이 알려진 뒤에는, 수집품을 채워 넣으려고 안달이 난 박물관(살아있는 개체들은 고려하지 않았다)을 위해 일하는 전문 사냥꾼들이 자기도 모르게 흰부리딱따구리의 묘비명을 쓴 사람들의 행렬에 합류했다. 2021년 9월 미국 어류 및 야생생물 관리국은 흰부리딱따구리를 포함한 20여 종의 생물을 공식적으로 멸종생물 목록에 수록했다.[23]

민리가 남부 스웜프 중에서도 최고라고 생각한 곳은 오케페노키였다. 토탄이 최고 약 7.5미터까지 쌓여있는 이곳은 한때 흰부리딱따구리의 출몰지였다. 민리는 이 스웜프의 매력을 묘사하면서, 여기에 모든 것이 있다고 썼다. "생기 있는 떡갈나무 해먹, 악어, 커다란 섭금류 새, 그리고 전설. 내가 판단하기에 이곳은 북아메리카에서 가장 그림 같은 스웜프다."[24] 그는 호수, 덤불 보그, 사이프러스 우듬지와 사이프러스에 에워싸인 초원이 모자이크처럼 펼쳐져 있다고 썼다. 이곳의 사이프러스는 20세기 초에 많이 벌채되었지만, 50년 뒤 그가 오케페노키에 있을 때에는 이미 다시 자라난 나무가 무성해서 스웜프의 풍경이 "과거 세미놀족과 크리크족의 본거지였을 때와 똑같다"고 말할 수 있었다.

1950년대에 나는 당시 내 남편이던 사람과 가끔 조지아의 여러 섬 중 한 곳(세인트사이먼스나 시아일랜드)에서 휴가를 보냈다. 한번은 가이드가 진행하는 오케페노키 투어에 참가한 적도 있다. 우리는 몇 시간 동안 느린 속도로 어두운 물가를 배회하고, 남부의 습한 공기를 실컷 들이마시며 도취했다. 비행기에서 내려, 사향 냄새가 섞인 향수 같은 그 공기를 맛보면 나는 항상 반가웠다. 오케페노키의 얕은 물에서 키 크고 고고한 모델처럼 걸어다니는 섭금류 새들을 모두 헤아리지는 못했

---

23 Brooks Hays, "Fish and Wildlife Service announces extinction of 23 species in 19 states," UPI, 2021년 9월 29일, www.upi.com/Science_News/2021/09/29.

24 Meanley, 앞의 책, 13.

다. 우리는 뾰족한 무릎처럼 생긴 사이프러스[25] 옆을 미끄러지듯 지나갔다. 가이드는 그렇게 구부러진 부분이 사이프러스의 호흡을 담당한다고 말했다. 그는 작은 섬에 배를 대고, 이끼가 자라는 땅을 향해 아주 장엄하게 손을 흔들었다. 내가 배에서 내려 섬으로 올라서자, 땅이 출렁거리듯 움직였다. 물이끼가 깔개처럼 깔려있었다. 어떤 사람들은 그곳을 걸으면서 마치 물침대 위에서 걷는 것 같은 기분이라고 말하지만, 내가 보기에는 그 출렁거리는 느낌이 기절하기 전의 현기증과 더 비슷한 것 같았다. 똑바로 서있는데도 아주 천천히 쓰러지는 것 같은 감각.

민리의 책에는 희귀한 이름과 스웜프 관련 단어가 많이 나온다. 포코신pocosin(해안가 고원의 습지—옮긴이)과 해먹, 촉토Choctaw 목재, 악어구멍. 민리는 포코신이 인디언 말로 '언덕 위의 스웜프'를 뜻한다고 설명했다.

포코신은 움푹한 곳에 사람이 뚫고 들어가기가 거의 불가능할 만큼 상록수가 무성하게 자라는 덤불 보그다. 어떤 사람들은 운석 때문에 이런 곳이 만들어졌다고 생각하기도 했다. 민리는 보포트 카운티의 파인타운 근처에서 찌르레기 보금자리를 정찰하다가 발견한 어느 포코신을 언급했다. 아마도 B. W. 웰스가 설명한 빅 포코신인 듯싶다. 웰스 가족은 "1855년 이

25 제1차 세계대전 이전에 영국의 뮤직홀과 댄스홀에서 히트한 노래 〈Knees Up, Mother Brown〉도 생각난다.

전"에 50에이커(약 20만2천 제곱미터로 축구장의 28.3배 정도 되는 면적—옮긴이) 넓이의 스윔프 포코신을 개간했고, 1915년에 또 50에이커 남짓한 "성숙한 스웜프 숲"을 개간했다. "…나는 나무가 베어지는 것을 보았다. 옛날식으로 통나무를 굴려간 곳에서 남자들이 커다란 고무나무와 단풍나무를 엄청나게 많이 쌓아올려 태우려고 했다."[26]

민리가 스웜프를 돌아다니던 시기에 노스캐롤라이나에는 아직 200만 에이커(약 8천93제곱킬로미터로 서울의 13.4배 정도 되는 면적—옮긴이)의 포코신이 있었다. 1980년대에는 그중 70만 에이커(약 2천833제곱킬로미터—옮긴이)만이 남아있었다. 임업과 농경지 조성을 위한 배수사업 때문이었다. 지금은 정부와 민간이 노스캐롤라이나의 해안 평원에 있는 포코신 호수 국립 야생생물 보호구역 같은 독특한 포코신을 복원하는 중이다.

과학자들은 다음과 같이 말한다.

> …건강한 포코신 습지를 복원하면 육지와 물속 생태계가 중요한 이점을 누릴 수 있다. 인간사회도 마찬가지다. 포코신은 야생생물 서식지를 제공해 주고, 자연에서 발생하는 화재의 빈도와 심각도를 줄여주며, 탄소, 질소, 수은을 격리시켜 보관한다(탄소싱크). 또한 후미의 수질을 보

---

26 B. W. Wells와 L. A. Whitford, "History of Stream-Head Swamp Forests, Pocosins, and Savannahs in the Southeast," *Journal of the Elisha Mitchell Scientific Society* 92, no. 4, 1976, pp. 148~150.

호하고, 고도가 낮은 해안지역의 홍수를 조절한다. 포코신 복원은 토양 손실을 예방하고 토양 형성을 촉진하기 때문에 생태계가 해수면 상승에 적응하는 데에도 핵심적인 역할을 한다.[27]

내가 스웜프 근처에서 최고의 경험을 한 것은 어느 여름의 일이었다. 당시 버몬트주에서 내가 살던 허름하고 외딴 집에서 800미터쯤 떨어진 곳에 비버가 사는 스웜프가 있었다. 나는 거의 매일 숲속으로 둥글게 난 길을 따라 그 스웜프를 찾았다. 낭상엽 식물 군락지를 지나고, 끈끈이주걱 두세 개를 지나고, 개울을 건너, 비버가 나뭇가지로 댐처럼 물길을 막으려고 나무를 끌고 간 자국을 따라갔다. 스웜프에는 송어와 아름다운 색의 거북이가 살았다. 나는 잠자리들의 놀라운 곡예를 지켜보면서, 녀석들이 실제로 그런 곡예를 부린다는 사실을 믿을 수가 없었다. 스웜프보다 높은 곳에 있는 우리 집 뒤쪽 포치에 앉아있을 때에도 물에 떠있는 수련 잎의 초록색 냄새가 나는 것 같았다. 스웜프에 가지 않았을 때에도 항상 스웜프를 생각했다. 지금도 그곳을 기억하며 그리움을 느낀다. 한번은 몇 주 동안 집을 떠나있다가 오후 늦게 그 낡은 집으로 돌아왔다. 비행기에서 나는 노먼 매클린의 짧은 소설 〈흐르는 강물처럼〉을 처음으로 읽기 시작했는데, 집에 도착한 뒤 집 안으로

27 oceanservice.noaa.gov/facts/pocosin.html.

들어가기 전에 아예 소설을 끝까지 읽어버리기로 했다. 지극히 적막하고 바람 한 점 없는 황금빛 오후였다. 내가 책을 계속 읽어 마침내 마지막 문장에 도달하는 동안 황금색 빛이 복숭아 과즙 색으로 부드러워졌다. "물이 내 머릿속을 떠나지 않는다."[28] 나는 책을 덮고 스웜프 쪽을 보았다. 4.5미터쯤 떨어진 돌담 위에 앉은 붉은스라소니는 책을 읽는 나를 줄곧 지켜보고 있었다. 나와 눈이 마주치자 녀석은 높이 자란 풀밭 속으로 슬그머니 들어갔다. 녀석이 숲으로, 개울로, 스웜프로 향하는 동안 나는 가늘게 떨리는 풀을 지켜보았다.

디즈멀 스웜프

이 나라에서 가장 유명한 스웜프는 우울하고 낭만적인 '그레이트 디즈멀'이라는 이름을 갖고 있다. 버지니아와 노스캐롤라이나에 걸쳐 스웜프, 마시, 넓은 물이 물가에 평원처럼 펼쳐진 곳이었다. 중심부에는 아름다운 담수호인 드러먼드 호수가 있고, 이곳에 높이 솟아있는 사이프러스는 황혼녘에 마치 어느 사라진 문명의 저택 폐허처럼 보였다. 호수의 이름은 발견자인 윌리엄 드러먼드에게서 왔다. 그는 노스캐롤라이나 최초의 식민지 총독이기도 했다. 전설에

28 Norman Maclean, *A River Runs Through It and Other Stories* (Univsersity of Chicago Press, 1976, 1983).

따르면 옛날에 사냥을 나섰다가 그레이트 디즈멀에서 길을 잃은 사람들 중에 드러먼드도 있었다. 일행 중 드러먼드를 제외한 모두가 목숨을 잃었고, 그는 헤매다가 스웜프 중심부에서 반짝이는 커다란 호수에 이르렀다고 말했다.

부유하고 학식 있는 버지니아의 농장주 윌리엄 버드 2세(1674~1744)는 이 스웜프(그는 "오물과 고약한 것이 한없이 모여 있는 곳"이라고 묘사했다)에서 물을 빼낸 뒤 대마를 심을 수 있을 것 같다는 생각을 했다. 그래서 대략적인 배수계획을 짠 뒤, 수로를 팔 인력을 공급하기 위해 "노련한 검둥이 열 명을 성별과 상관없이 사들이게 하라. 아마 그들의 새끼로 인력 손실을 메울 수 있으리라"라고 조언했다. 여기서 '인력 손실'이란 죽음을 의미했다. 그의 글은 노골적이었다. "…혹시 죽는 사람이 나오거든, 그들의 자식이 그 자리를 온전히 대신할 수 있을 것이다."[29]

버드는 그레이트 디즈멀을 가로지르는 버지니아-노스캐롤라이나주 경계선의 첫 측량을 감독했다. 비록 많은 포도주와 럼주를 연료 삼아 시행된 측량이기는 해도, 그 결과는 현대에 되짚어 보아도 정확한 것으로 판명되었다. 버드의 신랄한 재치는 1728년에 《버지니아와 노스캐롤라이나를 나누는 경계선의

---

29 William Byrd와 E. G. Swem, *Description of the Dismal Swamp and a Proposal to Drain the Swamp* (Netuchen, NJ: C. F. Heartman의 주문으로 인쇄, 1922). 의회도서관에서 가져온 PDF, www.loc.gov/item/22022884/, pp. 16~17.

역사》에서 피프스(영국의 일기 작가—옮긴이) 같은 문체로 그 측량 여행을 설명할 때도 드러난다. 그리고 1929년에야 세상에 나온 그의 음란한 책 《비밀역사》에는 이보다 훨씬 더 삐걱거리는 라블레(프랑스의 풍자작가—옮긴이) 풍 유머가 나온다.

> 그들은 커리턱해협에서 좌초하여 늪의 진흙 속을 헤치며 걸었다. 슈브러시는 비스킷을 먹다가 이가 하나 부러졌고, 따로 떨어진 오두막에서 흑인 여자와 거의 음탕하게 놀았다. 파이어브랜드를 포함한 여러 명은… 밸런스의 농장에서 하룻밤을 보낼 때 술을 마시고 "창백한 안색의 계집"과 신나게 놀았다. "그들은 그 여자의 숨은 매력을 모두 살펴보고, 즐거운 장난을 아주 많이 쳤다." 스테디는 이렇게 말했다. "호기심이 가장 많은 파이어브랜드가 그 여자의 달콤한 몸을 만지면서 젖꼭지만 한 크기의 딱지 여러 개를 뜯어냈다. 돼지고기를 너무 많이 먹은 결과였다."[30]

조지 워싱턴은 무엇보다도 땅 투기꾼이었다. 당시 스웜프에는 편백나무, 사이프러스, 층층나무, 스페인 이끼가 가득하고, 갖가지 덩굴이 거기에 꽃줄처럼 걸려있었다. 수십 종류의 고사리와 두릅나무도 있었다. 워싱턴은 다른 모험가 열한 명과 함께 농경지를 만들기 위해 (노예를 동원해) 대담하게도 그레이

30 William Byrd, Bland Simpson, *The Great Dismal*, 앞의 책, p. 63에서 재인용.

트 디즈멀 스윔프의 물을 빼려고 시도했다. 1763년에 그들은 디즈멀 스윔프 회사를 세웠다. 독립전쟁이 중간에 발발하는 바람에 이 프로젝트는 몇 년 동안 시들해졌지만, 1785년에 혀가 꼬일 것 같은 이름의 독일인 인부들을 데려와 수로를 파게 하자는 아이디어와 함께 되살아났다. 그러나 이 계획은 실현되지 않았고 그들의 목표가 바뀌었다. 농경지 대신 앨버말만과 체서피크만을 잇는 운하를 만드는 편이 더 나을 것 같았다. 농경지도 좋지만, 운하 쪽의 보상이 더 컸다. 넓고 깊게 수로를 만들면 면직물, 식량, 사치품, 사람, 목재, 곡식, 장작 등을 운반하는 상업용 운하로 사용할 수 있었다. 지붕널도 운반할 수 있을 것 같았다. 디즈멀 스윔프 랜드 회사는 지붕널 재료로 사이프러스와 노간주나무를 베어 배에 실어서 운하를 통해 시장으로 보냈다. 워싱턴은 한동안 버티다가 1795년, 회사가 백만 장이 넘는 지붕널을 만들어 낸 해에 노예제도에 반대하는 정치가 겸 농장주 겸 미국 헌법 제정자 중 한 명이자 로버트 E. 리(남북전쟁 때 남군의 장군—옮긴이)의 아버지인 헨리 리[31]에게 주식을 팔기 직전까지 갔다. 그러나 헨리 리가 돈을 마련하지

---

31 *Encyclopedia of North Carolina*, ncpedia.org/great-dismal-swamp. Henry Lee, 일명 'Lighthorse Harry'(1756~1818)는 미국 헌법 제정자 중 한 명이었다. 뛰어난 승마술을 지녔으며 독립전쟁 때 기병대 장교였던 그는 투자자로서는 무능해서 파산하고 채무자 감옥에 갇혔다. 워싱턴의 송덕문인 "First in war, first in peace, first in the hearts of his countrymen"을 쓰기도 했다. 그는 *Federal Republican*을 발행하는 편집자이자 친구인 Alexander Hanson을 돕다가 구타당해서 장애인이 되었으며, 해외에서 몇 년을 보내다가 고향에 돌아와 1818년 세상을 떠났다. 그의 아들이자 남군 사령관인 Robert E. Lee가 아버지보다 더 유명하다.

못해서 워싱턴의 주식은 그의 상속자들 몫이 되었다. 8킬로미터 길이의 수로는 1805년에 완성되어, 지금도 '워싱턴의 수로'라고 불리고 있다.

'디즈멀dismal('황량하다', '우울하다'라는 뜻—옮긴이)'이라는 단어의 시적인 매력이 얼마나 대단했는지 아일랜드의 시인 토머스 무어는 '발라드: 디즈멀 스웜프의 호수'라는 작품을 썼다. 개똥벌레 램프로 불을 밝힌 하얀 카누에 탄 어떤 처녀가 스웜프에서 유령처럼 노를 젓는다는 전설을 다룬 시다. 20세기에는 스무 살의 로버트 프로스트가 자신이 처음으로 펴낸 얇은 시집을 선물하고 청혼했던 엘리너 화이트에게 거절당한 뒤 남쪽으로 가는 열차에 올라타 그레이트 디즈멀 스웜프로 향했다. 두 번 다시 시체가 떠오르지 않도록 그곳에 몸을 던져 자살할 생각이었다. 얼마 뒤 그는 사냥꾼 무리를 만나 스웜프에서 빠져나가는 길을 알려달라고 부탁했다. 그러고는 엘리너 화이트와 결혼해 (유명한) 시인이 되었다.

블랜드 심슨은 1990년에 발표한 《그레이트 디즈멀: 캐롤라이나 사람의 스웜프 회고록》에서 공감 가는 표현으로 애정을 담아 이 스웜프를 현대적으로 그려냈다. 이 책에는 다채롭고 별난 인물들이 가득하다. 그러나 이 스웜프에 대해 속속들이 아는 사람이 그곳의 지리, 그곳에서 자라는 식물, 새와 곰, 토착 생물의 서식지로서 지니는 중요성을 알려준 안내서로 오랫동안 자리를 지킨 글은 브룩 민리가 쓴 48쪽 분량의 에세이 〈그레이트 디즈멀 스웜프〉였다.[32] 민리는 "디즈멀에서 가장 굉장한 풍경을 보여주는 곳은 캐롤라이나주와 버지니아주 사이 경계선을 따라 상록수 덤불 보그에 자리 잡은 찌르레기들의 겨울 보금자리다… 약 1천만 마리의 새들이… 개똥지빠귀 100만 마리도 스웜프의 같은 지역에서 겨울을 난다"[33]고 썼다.

여러 세대에 걸친 식물학자들에게 그레이트 디즈멀은 따뜻한 기후에서 자라는 많은 나무와 식물의 북쪽 생장한계선을 표시해 주는 남쪽 스웜프였다. 그레이트 디즈멀이 바로 미국의 남부와 북부를 가르는 경계였다. 지금은 지구가 점점 뜨거워지고 있기 때문에, 그레이트 디즈멀보다 더 북쪽으로 이 역할이 옮겨갈 가능성이 높다.

20세기가 시작되고 한참 지날 때까지도 배수 프로젝트와 누구나 참가할 수 있는 벌목사업 때문에 디즈멀이 줄어들었다. 한 인근 주민은 거대한 나무들이 쓰러지는 광경에 대해 다음과 같이 말했다.

> 그들은 동가리톱으로 나무를 잘랐다… 아주 큰 나무들. 그들이 나무를 베어 넘긴 곳에서 속이 텅 빈 사이프러스를 본 적이 있다. 처음 자른

---

32 Brooke Meanley, *The Great Dismal Swamp* (Audubon Naturalist Society of the Central Atlantic States, 1973). Bland Simpson은 디즈멀에 대해 조사하던 중 브룩 민리에게 조언을 구하다가 그를 직접 만났다. 그리고 민리와 민리의 아내 애나와 함께 스웜프를 돌아다니며 새를 관찰했다.

33 Brooke Meanley, *Swamps, River Bottoms & Canebrakes* (Barre, MA, 1972), p. 38.

나무의 속이 빈 것을 발견하고 그들이 그것을 그 자리에 그냥 두고 간 것이다. 내 키가 182센티미터인데, 고개를 숙일 필요도 없이 그 나무 안으로 들어가 끝에서 끝까지 4.8미터를 걸을 수 있었다.[34]

스윔프의 삼림파괴가 계속되자 20세기 중반에 자연보호주의자들은 그나마 남은 것이라도 보호할 방법을 찾으려 했다. 구원의 손길은 아주 뜻밖의 방향에서 다가왔다.

1763년에 설립된 디즈멀 스웜프 랜드 회사는 많은 주주들에게 소액의 배당금을 지급하며 136년 동안 존속하다가 1899년 마침내 윌리엄 캠프에게 팔렸다. 그리고 캠프 매뉴팩처링 회사가 숲을 신속하게 대규모 공터로 바꿔놓았다.[35] 나중에 이 기업은 한 번의 합병을 거쳐 목재와 종이백을 만드는 유니언 캠프 회사가 되었다. 그러나 높은 수위가 벌목에 계속 방해가 되었으므로, 유니언 캠프는 1960년대에 사업을 다각화해 건축자재, 플라스틱, 부동산 분야에 진출했다. 새로 만들어진 주간州間 고속도로변의 소유지 일부를 여럿으로 나눠 임대하기도 했다(여행자들의 오아시스). 이 땅에는 각각 모텔과 식당이 들어섰다. 나무가 자라는 땅 1에이커의 수입은 1년에 고작 5달러인데 비해, 고속도로변 땅의 임대료는 1년에 에이커당 1만5천

34 Bland Simpson, *The Great Dismal*, 앞의 책, p. 29.

35 John V. Dennis, *The Great Cypress Swamps* (Louisiana State University, 1988), p. 50.

달러였다. 1973년 유니언 캠프는 자사 소유의 스웜프 땅을 살펴본 뒤, 나무가 무성하고 습기가 많은 버지니아의 땅 5만 에이커(약 202제곱킬로미터로 서울의 1/3 정도 되는 면적—옮긴이)를 네이처 컨서번시에 기부하기로 간단히 결정해 버렸다. 상업적 가치가 별로 없는 이 땅은 그레이트 디즈멀 안에 위치했으며, 드러먼드 호수 대부분이 여기에 포함되었다. 창립 이후 그때까지 따졌을 때 가장 큰 선물을 받은 네이처 컨서번시는 협상을 거쳐, 스웜프의 숲을 내무부의 어류 및 야생동물 관리국에 넘겨서 야생생물 보호구역으로 지정되게 했다. 유니언 캠프도 과세소득 중 1천200만 달러를 공제받았다. 이 일을 계기로 스웜프 기부가 도미노처럼 이어져 디즈멀의 면적 중 총 10만6천 에이커(약 429제곱킬로미터—옮긴이)가 기부되었다. 그다음부터 생태학, 식물학, 수문학 연구 결과가 홍수처럼 쏟아져 나오기 시작해 지금도 계속 이어지고 있다. 드러먼드 호수의 퇴적물과 수질 평가. 폭풍, 화재, 홍수, 개간 이후 탄소 균형 모델. 2008년과 2011년에 '재앙 수준'의 화재가 발생해 스웜프의 취약성이 드러난 뒤 토탄 화재 경감 데이터. 탄소와 메탄 수치변동 연구. 아메리카검은곰 털의 DNA 샘플로 개체수와 도로 횡단 지점 파악. 공중에서 찍은 컬러 사진과 적외선 사진으로 식생 분석. 수문학적 복원. 이 밖에도 많은 연구가 있다.

한때 면적이 5천여 제곱킬로미터나 되던 디즈멀이 지금은 453제곱킬로미터로 줄어들어 '그레이트 디즈멀 스웜프 국립 야생생물 보호구역'이 되었다. 아메리카검은곰에게는 지금도 중요한 곳이며, 상공은 먼 옛날과 마찬가지로 철새들의 이동 경로다.

오하이오와 미시간과 인디애나에서 넓은 면적을 차지하고 있는 그레이트 블랙 스웜프는 깊고 오랜 증오를 부추기는 곳이었다. 루이스와 클라크의 탐험(1804~1805) 이후, 그리고 1825년부터 이리 운하가 점진적으로 열리기 시작한 이후, 미국의 인구가 계속 증가하면서 서부의 새 땅으로 밀고 나아갔다. 서부로 가는 사람들은 먹파리, 사슴파리, 모기 등 갖가지 곤충의 공격에 시달리며 철벅철벅 스웜프를 통과하거나 물을 피해 멀리 돌아가는 수밖에 없었기 때문에 시끄럽게 투덜거리면서 배수사업을 바라마지않았다.

빙하가 녹아 생겨난 이리호의 남서쪽 일부였던 곳에 남은 습지인 그레이트 블랙 스웜프는 힘들게 한참 길을 돌아가게 만드는 곳으로 악명이 높았다. 이 스웜프는 겨울이면 파랗게 얼어붙고, 여름이면 햇빛을 받아 달아오른다. 폭은 64킬로미터, 길이는 192킬로미터이며, 느릅나무와 물푸레나무가 자라는 습한 삼림에는 뱀, 살쾡이, 큰사슴, 곤충, 새, 말라리아를 옮기는 모기, 이름 없는 악마 등이 가득하다. 과거 서부로 가려던 사람들은 이곳을 피할 길이 없었다.

1850년대 무렵 농부들은 스웜프 일부에서 개울가의 두둑한

둑이 검은색의 건조한 흙으로 되어있음을 발견했다. 흙을 한 줌 쥐고 손가락으로 비벼 작물을 기르기에 적당한지 조사해 본 그들은 개울가의 나무를 베어버리고 땅을 갈아 대규모로 농사를 지었다. 그리고 첫 수확을 하면서, 토탄지대를 개간한 모든 농부가 하는 말을 그대로 했다. "지상에서 생산력이 가장 좋은 흙이네." 다른 농부들도 이 점을 알아차렸으나 개울가의 땅이 무한히 넓은 것은 아니었으므로 젖은 흙을 다뤄본 경험이 있는 소수의 사람들이 수로를 파서 배수를 시도했다. 이 시도가 성공하자 신이 난 농부들은 블랙 스웜프를 본격적으로 공략했다. 모두가 자기 땅을 갖기 위해 미친 듯이 달려드는 시대의 시작이었다. 1880년대에 오하이오주에 살던 제임스 B. 힐은 배수용 관을 설치하는 작업의 속도가 너무 느려서 짜증이 난 나머지 기계를 발명해 버크아이 트랙션 디거라고 명명했다. 농부들은 이 기계를 사거나 빌려서 사용했고, 블랙 스웜프의 물기가 점점 마르기 시작했다.

배수사업에 이로운 법률들이 제정된 것도 배수를 촉진했다. 이웃의 배수작업에 저항하는 지주는 자신의 운명을 걱정해야 했다.[36] 이런 법률을 이용하는 법을 글로 읽으면 흥미롭다. 예를 들어, 1915년 미네소타의 벤 파머는 배수작업에 대한 법적인 안내서를 썼다. 이 책의 4장 '배수 입법과 판결'은 다음과

---

36 Ben Palmer, *Swamp Land Drainage with Special Reference to Minnesota* (University of Minnesota Bulletin, 1915), p. 32.

같은 문장으로 시작된다.

> 아메리카 합중국의 36개 주가 상당한 넓이의 토지에 대한 배수작업의 성공적인 진행에 필요한 법적인 장치를 제공하기 위해 전반적인 배수법을 제정해 두었다. 이런 법은 타인의 땅을 가로지르는 수로를 건설해야만 범람을 막을 수 있거나 배수가 가능한 땅에 적용된다. 자신의 땅에 수로가 지어지는 것을 허락하지 않는 소수 때문에 진취적인 지주들이 좌절하지 않고 협력해서 농장의 물을 뺄 수 있게 해주는 체계적인 절차가 필요하기 때문이다. 이런 법의 목적에는 또한 적절한 배수 출구, 공동선을 위해 빼앗기거나 손상된 재산에 대한 보상, 작업 비용의 공평한 분담을 확실히 보장하는 것도 있다.

20세기 초가 되었을 때 블랙 스웜프는 아주 눈곱만큼만 남아있었다. 다른 곳은 모두 "지상에서 생산력이 가장 좋은 흙"이 되었다. 영양분이 많은 토탄층 아래에 퇴적된 진흙으로 배수관을 만들 수 있는 것이 행운으로 여겨졌다. 어떤 의미에서는 블랙 스웜프가 멸절의 길을 가면서 스스로 비용을 치른 셈이다. 그러나 몇 세대가 흐른 뒤 생산력이 좋은 흙은 고갈되었다. 계속 보충해 주지 않으면 유기질 흙은 사라진다. 말 대신 트랙터가 사용되면서 거름도 희귀해졌다. 농사짓는 사람들은 합성비료를 환영했다. 세월이 흐르자, 오하이오 농경지의 물이 빠져나가는 모미강이 이리호의 커다란 오염원이 되었다.[37] 예전에 내가 탄 기차가 화물열차를 먼저 보내느라 모미강을 가로지르는 다리 위에 몇 시간 동안 서있었던 적이 있다. 이리호로 독을 흘려보내는 물이 철로 바로 아래에 있는 것 같은 낌새는 전혀 없었다. 수면에 더러운 거품이 떠있지도 않고, 무지갯빛으로 번들거리는 기름기도 없고, 밝은 색 수초도 없었다.

배수작업의 즐거움 외에도, 스웜프에는 또 다른 황금단지가 있었다. 오하이오뿐만 아니라 미시간, 인디애나, 일리노이, 조지아, 루이지애나, 플로리다 등 스웜프 숲이 있는 남북의 모든 주에서 삼림지대 지주와 전문 벌목꾼은 19세기에 습지 숲(다른 곳에서는 구할 수 없는 거대한 느릅나무, 물푸레나무, 떡갈나무, 자작나무, 포플러, 단풍나무, 참피나무, 히코리, 밤나무가 섞여서 자라는 숲)을 벌목해 한 재산을 챙겼다. 바로 몇십 년 전 멋들어진 사이프러스를 베어 지붕널을 만든 그레이트 디즈멀의 벌목업자들과 같았다.

물과 습지에 관련된 이슈를 전문으로 다루는 과학 저술가 샤론 레비는 블랙 스웜프가 오하이오 사람들에게 남긴 흔적을 감성적으로 묘사했다.

> 그레이트 블랙 스웜프를 정복한 거친 사람들은 개인적으로 커다란 대가를 치렀다. 그리고 습지에 대한 깊고 영원한 혐오를 후세에 물려주

---

37 Sharon Levy, "Learning to Love the Great Black Swamp," undark.org/2017/03/31/.

었다. 그들에게 습지는 위협적인 것, 극복해야 하는 것이다. 이런 태도가 법에 고스란히 보존되어서, 몇 킬로미터나 되는 배수로를 따라 흐르는 빗물의 속도를 늦추는 행위라면 무엇이든 불가능해졌다. 심지어 습지 복원도 예외가 아니다. 배수로는 큰비가 내릴 때마다 수천 톤의 인과 질소를 모미강으로, 그리고 거기서 더 나아가 수많은 사람들의 식수원인 이리호로 나르는 통로 역할을 한다.

물 전문가인 윌리엄 미치가 과거 블랙 스웜프의 흙 중 10퍼센트만 다시 습지로 만들어도 빗물이 정화될 것이라는 의견을 내놓았는데도, 오하이오 사람들은 여전히 습지에 강한 반감을 갖고 있다. 아주 작은 면적의 습지를 복원하려는 민간의 노력조차 개구리가 시끄럽다느니 홍수가 걱정된다느니 하는 이웃들의 불평과 맞닥뜨린다. 그래도 마음을 쓰는 사람이 아주 없지는 않다. 블랙 스웜프 컨서번시는 1993년 땅을 돌보는 사람들과 주변 농경지 덕분에 세심하게 보존된 1만9천 에이커(약 76제곱킬로미터로 울릉도보다 조금 큰 면적—옮긴이)의 땅을 보존하기 위한 토지신탁을 설정했다.

캥커키 마시

인디애나 사람들은 그랜드 캥커키 마시가 사라진 지 한 세기가 지난 지금에야 그 상실을 슬퍼한다.

캥커키에 대해 윌리엄 미치는 "배수가 절대적이었다"고 말했다.[38] 인디애나주 북서부에 있는 캥커키는 50만 에이커(약 2천 23제곱킬로미터로 서울의 3.4배 정도 되는 면적—옮긴이)가 넘는 넓은 스웜프 마시였다. 모래언덕이 흘러내린 평원에 자리 잡고 있던 이곳을 돌아보며 사람들은 "훌륭한 담수 습지 생태계 중 하나"였다고 말한다. 탐험가 르네-로베르 카벨리에 드 라살은 미시시피강의 상류 유역을 탐험하고 1679년에 캥커키로 내려갔다. 이 넓은 스웜프 마시는 당시 놀라울 정도로 아름다운 곳이었으며, 다양한 새와 야생생물이 거의 믿을 수 없을 만큼 지천으로 널려있었다. 밍크, 수달, 스컹크, 오리, 철새 떼, 사향뒤쥐, 배스, 눈알이 큰 물고기, 개구리, 거북이, 나그네비둘기, 살쾡이. 나중에는 중요 인물들이 외국에서 이 '스포츠맨의 낙원'을 찾아와 한없이 날아드는 물새를 쏘고 쏘고 또 쏘았다. 기차에 빽빽이 실려 시카고의 시장과 식당(과 박제 전문점)으로 실려 간 동물들도 많았다.

400킬로미터 길이의 캥커키강은 이 스웜프를 통과하며 수없이 꺾어지고 휘어져 구불구불 흘렀다. 느릿느릿 흐르는 강 곳곳에 물목이 있고, 강가에는 숲이 있었다. 모피 무역이 한창이던 그 유명한 시기에 캥커키 강변의 전략적인 위치에서 다른 수로까지 육로로 화물을 운송할 수 있는 세인트조지프 연수육

---

38 Mitsch와 Gosselink, 앞의 책, p. 482. 캥커키의 영상이 www.ben-hur.com/everglades-of-the-north에 있다.

로를 모르는 인디애나 사람, 모피 사냥꾼, 탐험가, 예수회 선교사, 여행가는 없었다. 강의 어느 지점에는 하트 모양의 섬이 나타나기도 했는데, 캥커키 태생의 박물학자인 찰스 H. 바틀릿은 그런 섬 중의 한 곳을 아주 좋아했다. 그가 1907년에 발표한 《캥커키 땅의 이야기》는 사라진 스웜프 마시에 대한 그 지역 사람들의 사랑을 생생히 보존해 놓았다.

> 조용해서 우리가 자주 쳐들어가던 이 섬은… 떡갈나무 숲, 여기저기에 있는 거대한 히코리로 뒤덮여 있었다. 숲 아래에 펼쳐진 부드러운 풀밭은 사방에서 무성하게 자라는 말채나무 숲, 섬을 에워싼 저지대에서 솟아오른 단풍나무와 부드러운 버드나무 때문에 잘 보이지 않았다. 높은 가지들은 자신이 침범할 수 없는 고지대를 힐끔 건너다보았다. 섬 안쪽 여기저기에는 사사프라스 수풀이나 들장미 바다가 펼쳐졌다… 하얀 자작나무 몇 그루가 조금 유령 같기는 해도 우아하게 솟아오른 곳… 보그처럼 물이 고인 곳… 미국낙엽송이 서로 단단히 뭉쳐서 서있었다… 강둑 꼭대기에서 탁한 회색 담처럼 살짝 몸을 기울인 거대한 떡갈나무 몸통과 훌륭한 대조를 이루며…[39]

미국은 포타와토미족과 조약을 맺어 캥커키를 손에 넣었다. 그리고 1850년에는 물을 빼서 농경지로 전환해 사용하라며 인

39 Charles H. Bartlett, *Tales of Kankakee Land*, 1904, pp. 24~25.

디애나주에 이 스웜프를 넘겨주었다. 새로 조성된 농경지에서는 엄청난 양의 곡식, 사탕무, 양파가 생산되었다. 영양이 풍부한 유기질 진흙이 당연히 "세상에서 생산력이 가장 좋은 흙"이었기 때문이다. 이 땅을 경작한 사람은 이 지역의 소규모 농부들이 아니라 어찌 된 영문인지 아주 큰 땅을 받아간 사람들이었다.[40] 시카고의 3대 식육 가공도매업자 중 한 명인 넬슨 모리스는 그루초 막스(미국의 코미디언 겸 배우—옮긴이)를 조금 닮은 외모에 궐련용 물부리를 들고 다니는 사람이었는데, 물을 빼서 조성한 캥커키 땅을 2만5천 에이커(약 101제곱킬로미터로 서울의 1/6 정도 되는 면적—옮긴이) 확보해서 자신이 텍사스에 소유하고 있던 가축 중 일부를 방목했다. 캥커키 인근 주민인 르뮤얼 밀크는 1만 에이커(약 40.5제곱킬로미터—옮긴이)의 땅을 얻었고, 그의 조카가 별도로 4천 에이커(약 16.2제곱킬로미터—옮긴이)를 확보했다. 이런 일이 전 세계에서 몇 번이고 똑같이 반복되었다. 펜, 보그, 스웜프의 일부가 농사를 짓기에는 너무 물기가 많다는 평가가 내려지고, 공익을 위해 반드시 배수사업을 실시해야 한다는 목소리가 커진다. 그러나 그렇게 조성된 땅은 대개 개발업자와 대규모 농장주와 목장주의 재산이 된다. 공익을 회피하는 솜씨가 아주 훌륭하다.

캥커키 스웜프(일명 '북부의 에버글레이즈')의 많은 부분이 얌

40 Jack Klasey, "Looking Back: Murdering the Grand Kankakee Marsh," 2019년 2월 23일, www.daily-journal.com.

전히 길들여진 뒤 사람들의 관심은 강으로 향했다. 이리 운하와 그레이트 디즈멀 일부는 사람이 직접 팠지만, 캥커키의 파괴는 그 시대의 중요 신기술 제품 중 하나인 증기 준설기의 몫이었다.

1902년 괴물 같은 준설기들이 자로 잰 듯 똑바로 뻗은 수로를 파기 시작했다. 2천 군데나 휘어진 이 강의 자연스러운 물길은 무시해 버렸다. 강에서 파낸 것들은 수로 가장자리에 쌓아 제방이나 운반로로 이용했다. 그다음에는 벌목꾼들이 들어와서 떡갈나무, 호두나무, 느릅나무, 플라타너스 등 단단한 목재를 공급해 주는 커다란 나무를 베어 새로 판 운하로 손쉽게 운반했다. 캥커키강을 지워버리는 작업이 끝나고 일직선으로 완성된 운하의 길이는 144킬로미터였다. 구불구불 복잡하게 뻗어있던 원래 강의 길이 400킬로미터 중 고작 36퍼센트에 불과한 숫자다. 구불구불한 강을 똑바로 펴고 나니 물살이 빨라졌고, 이 속도 때문에 강둑이 침식되기 시작했다. 과거에는 강둑의 나무뿌리들이 흙을 붙잡아 주었지만, 이제는 나무들이 사라졌으니 흙이 씻겨나가는 것을 막을 길이 없었다. 폭우가 내리거나 눈이 녹을 때 토양 윗부분이 쉽게 쓸려나가면서 둑이 점점 낮고 평평하게 변했다. 이런 침식과 홍수는 캥커키 주민들이 미처 예상하지 못한 불편이었다. 지금도 이런 문제들이 많은 시간과 돈을 잡아먹고 있다.

스웜프를 사랑하는 것은 당연히 가능하다. 버몬트주의 작고 이름 없는 낙엽송 스웜프가 기억난다. 그곳으로 가려면 반드시 어두운 골짜기를 지나야 했는데, 나는 그곳을 '낙담의 진창길'로 생각했다. 골짜기에는 제이콥스 초핑 개울이 흘렀다. 감정에 겨운 듯 후닥닥 흐르는 개울물은 검은 유리원반 같은 스웜프의 물과 대조적이었다. 스웜프의 수면은 지나가는 구름을 비추는 거울처럼 보였지만, 비가 내리면 수많은 보조개가 있는 백랍 같은 모습이 되었다. 내가 그 스웜프를 마지막으로 본 지 50년이 흘렀지만 지금도 그곳이 생각난다. 그래서 인디애나 북부와 이웃 일리노이의 주민들이 그 커다란 강-스웜프-마시를 잃어버리고 느끼는 상실감에 공감할 수 있다. 그동안 사라진 풍경을 복원해야 한다는 목소리가 줄곧 들려오다가 20세기 말에 사람들이 복원 방법을 강구하기 시작했다. 심하게 파괴된 습지를 아주 조금이라도 복원하려고 결정하는 것은 중대한 일이다.[41] 보그와 스웜프가 생겨나서 발달하는 데에는 수천 년이 걸리지만, 사람들은 기계를 동원해서 수백 년의 세월을 몇 달 만에 쓸어버릴 수 있다. 땅이 일단 사람들에게 분배되어 주인이 생기면, 자연 서식지를 복원하기가 쉽지 않다. 에버글레이즈의 복원작업도 오랫동안 질질 끌면서 아주 조금씩 이뤄지고 있다. 예산을 확보하기 위해서도 싸워야 하고, 커다란 목소리로 반대하는 사람들과도 싸워야 한다. 《이상한 나라의 앨

---

41 www.reconnectwithnature.org/News-Events/News/State-Grant-Awarded-Braidwood-Dunes-Kankakee-Sands.

리스》에서 붉은 여왕이 한 말이 생각난다. "있는 힘껏 뛰어야 그 자리에 머무를 수 있어." 인디애나는 20세기 말에 캥커키 복원계획을 짜기 시작했는데, 거의 30년이 흐른 지금은 적어도 열 개 카운티에서 복잡한 복원계획이 많이 시행되고 있다. 지방정부, 주정부, 연방정부가 이 작업을 지원한다. 덕스 언리미티드, 인디애나 헤리티지 트러스트, 네이처 컨서번시, 공원 담당 부서들, 임업 단체, 민간기업, 평범한 시민 등도 지원하고 있다.

네이처 컨서번시가 복원한 스웜프 중 한 곳에는 매년 수천 마리의 캐나다두루미가 찾아오고, 이 크고 시끄러운 새들을 구경하려고 사람들도 수천 명씩 찾아온다. 앨도 리오폴드는 캐나다두루미에 대해 이렇게 썼다. "녀석이 외치는 소리를 들으면 단순한 새가 아니라는 걸 알 수 있다. 그것은 진화의 오케스트라에 속한 트럼펫 소리다. 녀석은 길들지 않는 우리 과거의 상징, 새와 인간의 일상생활을 떠받치고 제한하는 그 엄청난 수천 년 세월의 상징이다."[42]

림버로스트

그레이트 블랙 스웜프 동편에서 몇 킬

42 Aldo Leopold, *A Sand Country Almanac*, p. 96.

로미터 떨어진 인디애나 북동부의 림버로스트 스웜프는 비교적 작은 편(폭 3.2킬로미터, 길이 16킬로미터)이다. 19세기에 속속들이 퍼져있던 사고방식을 잘 보여주는 곳이기도 하다. 미국의 '자연' 소설이라고 알려진 진 스트래튼-포터의 《림버로스트의 소녀》는 우리 어머니가 10대 소녀이던 1920년대에 아주 좋아하던 책이다(스웜프가 배경이라서 좋았다고 한다). 하지만 이 작품조차 자연으로부터 뭔가를 빼앗는, 친숙한 미국적인 이야기를 담고 있다. 인디애나에서 포터가 살고 있던 집 근처의 림버로스트 스웜프는 면적이 1만3천 에이커(약 52.3제곱킬로미터로 서울의 강동구보다 두 배 넓은 면적—옮긴이)에 불과했지만, 워배시강으로 흘러드는 개울과 연못이 복잡하고 다양하게 자리 잡고 있었다. 이곳에 자라는 나무, 갈대, 물이끼, 난초, 끈끈이주걱, 낭상엽 식물, 풀은 수많은 물새와 철새, 뱀, 개구리를 포함한 양서류, 사슴, 사향뒤쥐, 비버, 밍크, 희귀종 나방과 나비를 포함해서 백과사전처럼 다양한 곤충을 먹여 살렸다.

'림버로스트'라는 이름의 기원에 대해서는 두 가지 이야기가 있다. 아니, 이보다 더 많은 이야기가 존재할 가능성이 높다. 한 이야기에 따르면 워낙 날래고 민첩해서 '림버limber('유연하다', '재빠르다'는 뜻—옮긴이) 짐'이라고 불리던 짐 밀러라는 남자가 스웜프에서 사냥을 하다가 완전히 길을 잃었다. 위험한 곳에서 같은 자리만 맴돌던 그는 일직선으로 나무를 불태우며 나아가기 시작했다. 그를 발견한 친구들은 그때부터 그 스웜프를 림버가 길을 잃은lost 곳이라고 불렀다. 또 다른 이야기에는 림버 짐 코버스(인디애나 남자들은 모두 이렇게 유연한가?)라는 남자가 등장한다. 그도 스웜프로 사냥을 나갔다가 길을 잃었으나, 나무를 불태우지도 않았고 사람들에게 발견되지도 않았다.

《림버로스트의 소녀》는 나방의 유충을 모아 키워서 죽인 다음 표본으로 만드는 엘노라를 옹호한다. 고등학생인 엘노라는 학교에서 촌뜨기라고 놀림당하며 비참한 하루를 보낸 뒤 인근 은행 창문에 나방, 고치, 번데기를 상자에 담아서 가져오면 현금을 준다는 내용의 플래카드가 걸린 것을 보았다. 좋은 옷과 화장품을 사서 학교의 인기 있는 아이들 무리에 끼기 위해서도, 책을 사서 보기 위해서도 그녀에게는 돈이 필요했으므로 플래카드의 문구를 작성한 여자에게 자신의 나방에 대해 설명했다. 그러자 그 여자가 이렇게 말했다. "그거 미국에서 가장 희귀한 나방이야. 여기 내 목록을 보니, 그것 100마리면 100달러의 가치가 있어." 그 노랑 황제나방의 시체 덕분에 부와 번듯한 직업, 그리고 그 밖의 모든 것을 얻을 수 있는 길이 엘노라에게 열린 셈이었다.

포터의 반대에도 불구하고, 림버로스트는 1888년부터 1910년까지 증기 준설기로 무참하게 파괴되어 농경지가 되었다. 그러나 1990년대에 포터의 책을 소중하게 읽은 인디애나의 독자들이 원래 스웜프이던 땅을 조금 사서, 여러 자연보호 단체의 도움으로 배수로를 제거해 스웜프를 복원하기 시작했다. 수심이 점점 깊어지자 그들은 이곳이 원산지인 사초, 풀, 나무, 수생식물을 심었다. 그렇게 림버로스트의 작은 일부가 다시 생겨나 사향뒤쥐, 오리, 왜가리, 거북이, 물고기 곤충의 집이자 사람들의 관광지가 되었다. 노랑황제나방은 지금도 존재한다. 개체수가 줄어들고 있기는 해도 멸종위기종은 아니다. 그들이 가로등을 무척 싫어한다고 하던데, 그것이 개체수가 줄어드는 이유 중 하나인 듯하다.

19세기에는 배수 파이프를 설치해서 습지의 물을 빼는 것이 발전의 상징이었다. 위스콘신주의 호리콘 마시도 여행자들의 불만을 사다가 1846년에 댐이 지어지면서 배를 타고 다닐 수 있는 곳이 되었다. 댐을 허물고 천연 마시를 복원한 때는 1869년이었다. 몇 년 뒤 한 스포츠클럽은 매년 호리콘 마시에서 부화되는 오리가 50만 마리쯤 된다는 행복한 추정치를 내놓았다. 덕스 언리미티드 같은 곳에 속한 사냥꾼들이 야생 물새에게 서식지를 제공해 주기 위해 가장 많은 일을 했다는 점이 야생생물 보호의 아이러니 중 하나다.

맹그로브 스웜프

맹그로브는 바다 나무다. 남쪽과 열

대 해안을 따라 염분이 있는 물에서 자라며, 쫙 벌어진 뿌리는 빅토리아 시대의 넓은 드레스 치맛자락을 지탱하던 '버팀테'를 닮았다.[43] 맹그로브는 또한 토탄을 만든다. 그들이 자라는 곳은 염분이 많고, 냄새가 나고, 진흙이 섞여있다. 60종쯤 되는 맹그로브 중 대부분은 아시아에 있고, 여러 종이 섞여서 자랄 때 가장 강한 숲이 된다. 맹그로브 스웜프가 지상에서 가장 중요한 생태계로 불리는 것은, 육지의 가장자리를 안정시키고 허리케인과 침식으로부터 해안선을 보호하는 벽을 형성하기 때문이다. 어린 창꼬치, 타폰, 게, 새우, 조개 등 수천 종이나 되는 생물들이 안전하게 번식하고 새끼를 키울 수 있는 곳이기 때문이다. 미치는 맹그로브 숲을 간결하게 묘사한다. "뚫고 들어갈 수 없는 미로처럼 얽힌 나무 형태의 식물로 악명이 높다. 단단하게 굳어지지 않아서 바닥이 없는 것 같은 토탄, 홍수와 염분이라는 두 가지 스트레스에 수없이 적응했다는 점으로도 악명이 높다."[44] 맹그로브 나무가 폭풍과 허리케인의 공격을 대부분 버텨내지만, 언제나 그런 것은 아니다. 2017년 허리케인 어마가 플로리다주 빅파인키의 맹그로브 숲을 강타했다. 얼마쯤 시간이 흐른 뒤 나무와 덤불은 되돌아왔지만 맹그

---

43 이 불편한 옷의 크리놀린과 천을 지탱한 것은 고래수염, 식물 줄기, 황동줄, 그리고 납작한 철사였다.

44 Mitsch, 앞의 책, p. 311. 여기서 '뚫고 들어갈 수 없는'이라는 말이 핵심적이다. 맹그로브 숲을 보면 태평양 연안 북아메리카 북서부를 뾰족뾰족한 악몽처럼 침범하는 히말라야 블랙베리, 또는 뉴펀들랜드 래브라도 터커모어의 괴롭게 뒤엉킨 가지와 비교하고 싶어진다.

로브는 아니었다. 폭풍에 밀려온 물이 공중에 노출된 맹그로브 뿌리에 아주 곱게 입혀놓은 퇴적물이 단단하게 굳으면서 뿌리가 질식했을 가능성이 있다.

맹그로브 잎은 물속으로 떨어져 썩어가면서 복잡한 먹이사슬의 기초가 된다. 조류藻類와 무척추동물, 그리고 해파리, 말미잘, 다양한 벌레와 해면동물, 새 등 이들을 먹고 사는 생물들에게 이로운 먹이사슬이다. 맹그로브 숲에서 형성되는 토탄은 특히 부드럽고 깊어서 조개와 달팽이, 게와 새우에게 이상적인 곳이다. 맹그로브 뿌리는 해로운 질산염과 인산염 오염물질을 걸러준다. 물 위에 복잡하게 얽혀있는 가지는 문자 그대로 수천 종이나 되는 생물들의 안전한 서식지다. 이곳에 곤충들이 살고 있으니 새들도 이곳을 찾아온다. 철새들은 맹그로브 숲에서 휴식을 취하고, 물총새와 왜가리와 해오라기는 둥지를 튼다. 왕도마뱀, 짧은꼬리원숭이, 피셔캣이 가지 속을 어슬렁거리며 사냥을 한다. 물속에서는 서로 매듭처럼 얽힌 뿌리가 덩치 큰 물고기의 굶주린 입으로부터 작은 물고기를 지켜준다. 심지어 매너티와 돌고래도 이곳을 피난처로 삼는다. 맹그로브는 산호초의 숨통을 조일 진흙이 섞인 퇴적물을 가둬두고, 근해의 산호초는 연달아 밀려오는 파도로부터 맹그로브와 해초를 보호해 준다. 구조적으로 맹그로브는 물속 깊은 곳과 공중 높은 곳까지 뻗은 거대한 산울타리가 된다. 이산화탄소를 흡수하는 '블루카본' 그룹(바닷물이 드나드는 습지와 다양한 해초밭)의 중요한 일원이기도 하다.

이렇게 좋은 점이 많으니 맹그로브가 지상에서 가장 귀한 나무가 되어야 마땅하다는 생각이 들 것이다. 하지만 안타깝게도 그렇지 않다. 기후학자들은 맹그로브 스웜프가 해수면상승을 최선전에서 막아주는 중요한 방어막이자 열대림보다 다섯 배나 성능이 좋은 이산화탄소 흡수제라고 생각하지만, 이런 좋은 점에도 불구하고 맹그로브 스웜프는 커다란 곤경에 처해있다. 그들의 적으로는 산업형 새우 양식장, 부동산 가치가 큰 곳에서 맹그로브를 뿌리째 뽑아버리려고 안달이 난 개발업자 등이 있다. 광대한 맹그로브 숲이 펼쳐져 있는 멕시코에서는 로페스 오브라도르 대통령의 지시로 맹그로브 숲이 고의적으로 파괴되고 있다. 대규모 페멕스 정유공장을 지을 부지를 확보하기 위해서다.[45] 냉소적인 사람들(나도 포함)은 멕시코가 파리 기후협약에 서명한 국가임을 지적한다.

2010년 약 13만7천 제곱킬로미터(우리나라의 약 1.36배 되는 면적—옮긴이)의 맹그로브 숲이 지구의 해안을 보호하고 있다는 수치가 발표되었다. 그러나 그 뒤로 6년 동안 3천366제곱

45 Madelin Andersen, "Loss of Mexico's Valuable Mangrove Forests." Carrie Madren, "Mangroves in the Mist," *American Forests*. Greg Allen, "Climate Change May Wipe Out Large Mangrove Forests, New Research Suggests," *All Things Considered*, 2020년 9월 11일자. Jordan Davidson, "Mexico Is Letting an Oil Company Destroy Protected Mangroves for an $8 Billion Oil Refinery," Eco Watch, 2020년 3월 6일자.

킬로미터(서울의 약 5.56배 되는 면적—옮긴이)의 맹그로브 숲이 사라져 야자유 농장과 논과 새우 양식장이 되었다. 새우 양식장에서 배출되는 폐수와 오염물질은 물의 염도를 바꾸고, 맹그로브의 영양분 흡수율에도 영향을 미치기 때문에 맹그로브 숲을 해치는 또 다른 요인이다. 그 결과로 맹그로브는 서서히 죽어가고 있다.

인도네시아의 맹그로브 손실은 그 나라의 대규모 열대삼림 파괴보다도 훨씬 더 심각한 문제다. 맹그로브가 죽으면서 그 인근의 어획량이 급감하고, 어장의 물고기도 줄어들고, 연안 토양의 침식이 심화되고, 이산화탄소와 메탄 흡수량도 줄어든다. 인도네시아는 이런 문제들을 고통스럽게 인식하고 있다. 그래서 인도네시아 토탄지대 및 맹그로브 복원국이 해안의 맹그로브와 산호초를 복원하려고 안간힘을 쓰는 중이다. 세계자원연구소와 세계은행도 이런 노력을 돕고 있다.

많은 나라가 맹그로브 복원이라는 복잡한 사업을 시도했으나 엇갈린 결과를 얻었다. 위치 선정과 서로에게 도움이 될 수 있는 생물들을 섞어놓는 것이 무엇보다 중요하다. 선의로 복원에 나선 사람들이 맹그로브가 자란 적이 없는 개펄이나 침식과 강한 파도에 노출된 개펄에 온실에서 키운 단일종 묘목을 심은 적이 있다. 개펄은 항상 젖어있기 때문에 산소 공급량이 많지 않은데, 맹그로브는 숨을 쉬어야 한다. 세계은행이 1980년대에 필리핀에서 많은 자금을 지원한 프로젝트는 이런 실수들을 거의 모두 저지르는 바람에, 15년 뒤 맹그로브의 생존율이 20퍼센트에도 미치지 못했다.

맹그로브 복원에서 가장 성공을 거둔 사람은 플로리다의 생물학자 겸 어류학자 겸 습지 생태학자인 로이 '로빈' 루이스 3세(1952~2018)다. 그는 맹그로브를 증가시키는 데 반드시 필요한 세부사항을 알아낸 사람이기도 하다. 반복적인 관찰은 수수께끼를 풀어준다.[46] 루이스는 아직 대학원생일 때 맹그로브 스웜프에서 일을 시작했다. "나는 10년 동안 맹그로브 숲에서 일한 뒤에야 무엇이 어떻게 돌아가는지 차츰 이해하기 시작했다." 그는 맹그로브 복제의 리듬을 알아내는 데 여러 해를 바쳤다. 관찰 결과 맹그로브 나무가 자연스러운 죽음을 맞으면, 인근의 건강한 맹그로브에서 수많은 씨앗이 물에 떠와서 스스로 뿌리를 내렸다. 문제는 위치였다. 해안 아무 곳이나 다 되는 것이 아니라, 물의 흐름이 딱 맞는 곳이어야 했다. 맹그로브는 물에 젖어야 할 때도 있고 말라야 할 때도 있다. 루이스는 젖었을 때와 말랐을 때의 비율이 30 대 70이어야 한다는 결론을 내렸다. 뿌리가 하루 중 30퍼센트는 젖어있고 나머지 시간에는 말라있어야 맹그로브가 좋아한다. "젖어있는 시간은 짧다. 그다음에는 오랫동안 말라있어야 한다. 이것이 매일 반

---

46 소로는 자신의 모든 감각을 이용해 열정적으로 집중해서 관찰했다. 그의 방법은 Richard Higgins, *Thoreau and the Language of Trees* (University of California Press, n.d.), p. 10 ff에 묘사되어 있다.

복된다… 그것이 비결이다. 이런 물의 흐름을 반드시 그대로 실현해야 한다."[47] 맹그로브에 대해 잘 아는 인근 주민들을 사업에 참여시키는 것도 중요했다.

루이스의 가설은 1986년 포트 로더데일 근처에서 흙과 잡초에 반쯤 질식해서 파괴되고 죽어있던 맹그로브 숲 1천300에이커(약 5.3제곱킬로미터로 여의도의 약 1.8배 되는 면적—옮긴이)에서 처음 시험대에 올랐다. 이 평평한 땅에는 물이 고여있는 곳이 아주 많아서 맹그로브에게 좋지 않았다. 루이스는 수문학 전문가와 함께 이곳의 물을 연구했다. 그렇게 여러 해 동안 실험을 거친 그는 장비를 가져와 완만한 경사지를 만들어서 밀물과 썰물이 자연스럽게 드나들게 했다. 그러고는 기다렸다. 밀물에 실려 온 맹그로브 씨앗들이 뿌리를 내리고 5년 뒤 이곳에 자생하던 맹그로브 세 종이 다시 자라게 되었고, 물고기들이 뿌리 안으로 들어와 거처를 마련했다. 그러자 새들도 이곳을 찾았다. 사람이 손으로 심은 맹그로브 묘목은 없었다. 새 맹그로브 나무는 모두 물에 실려 온 씨앗에서 자란 것이었다.

관찰과 연구, 계획과 참을성 있는 기다림으로 자연과 협력하는 루이스의 방식은 맹그로브 복원의 황금 기준이 되었으나, 아직도 많은 단체와 정부가 기대를 버리지 못하고 사람이

---

47 Hannah Waters, "Mangrove Restoration: Letting Mother Nature Do the Work," ocean.si.edu/ocean-life/plants-algae/mangrove-restoration-letting-mother-nature-do-work.

키운 묘목을 엉뚱한 곳에 심는다. 그리고 실패를 맛본다.

다른 스웜프 지대

인류는 많은 나라에서 스웜프 습지에 대해 실수를 저질렀다. 스웜프는 우리가 아는 것보다 훨씬 더 쉽게 손상되는 곳이었다. 우리가 물을 빼버린 대규모 스웜프와 아직 존재하는 소수의 스웜프는 모두 세상에 꼭 필요한 곳이다. 그러나 그런 곳의 물을 빼서 땅을 개발하려는 인간의 충동은 아직도 살아있다. 수십 년 전까지 우리는 아마조니아, 인도네시아, 페루, 콩고에 대규모 열대 토탄지대가 있다는 사실을 아예 알아차리지 못했다. 대신 북부의 토탄지대에만 주의를 집중했다. 그러나 생태학자들은 지금도 북부의 스웜프를 온전히 이해하지 못한다. 그래도 영구동토층이 사라지는 속도가 점점 빨라지면서 학자들이 상당히 다급하게 북부 스웜프에 연구의 초점을 맞추고 있기는 하다.

'아름다운 스웜프'라는 개념을 홍보하는 나라도 있다. 판타나우처럼 멋들어진 습지가 람사르 습지 또는 세계유산으로 지정되면, 재규어를 비롯한 희귀동물을 구경하려는 관광객이 반드시 몰려온다. 따라서 그 습지는 이국적인 관광지를 전문적으로 다루는 엘리트 관광회사의 목록에 거의 자동적으로 올라가고 호화로운 숙박시설, 사진 찍기 좋은 지점들, 숙박용 요트, 사파리, 모기장, 가이드 투어, 부유한 관광객이 한 묶음으로 생겨난다. 관광에 맞게 잘 길들여진 자연은 박물관 전시품의 또 다른 형태인 것 같다.

열대 스웜프 숲은 지구 전역에서 지하에 묻혀있는 탄소 중 무려 3분의 1을 붙잡아 두고 있다. 지금 인도네시아에서 하듯이 숲을 베고 태워서 야자유 농장으로 만들어 버리면, 어마어마한 양의 이산화탄소가 배출된다.[48] 스칸디나비아와 유럽 북부, 알래스카와 러시아의 토탄지대에도 이산화탄소와 메탄가스가 고농도로 묶여있는데, 최근 몇 해 동안 여름에 알래스카, 그린란드, 시베리아에 대화재가 발생했다. 엄청난 양의 이산화탄소가 배출된 것은 둘째 치고 화재 현장에서 바람에 실려 빙하지대로 날아온 검은 탄소 입자들 때문에 일광 반사율이 떨어졌다.

파푸아뉴기니의 와수르 국립공원, 남아메리카의 판타나우, 오스트레일리아의 카카두 습지, 시베리아 서부의 바슈간 습지, 광대한 콩고분지 숲, 인도 말라바르 해안의 케랄라 백워터스, 플로리다 에버글레이즈, 보츠와나의 오카방고 델타 같은 세계 최대의 습지에는 거의 모두 펜, 보그, 스웜프가 섞여있다. 이 세 가지가 섞여있는 토탄지대를 일컫는 총칭이 마이어

48 2018년 9월에 World Heritage와 ICUN의 임학 전문가들이 당시의 숲 관리방법을 검토하기 위해 숲을 조사하기 시작했다. 이 보고서는 2019년 바쿠에서 열리는 세계유산위원회 연례회의에서 토의될 예정이었다. whc.unesco.org/en/news/1884/.

mire다. 대규모 습지 중에는 건강한 곳도 있지만, 손상된 곳이 대부분이다. 대大판타나우와 대大바슈간 마이어 중 어느 쪽이 더 큰지에 대해서는 계속 논쟁이 벌어지는 중이다.[49]

대大판타나우는 남아메리카 중심부에 있는 강 유역으로, 강, 스웜프, 습한 곳과 건조한 곳이 약 20만 제곱킬로미터(우리나라의 두 배 정도 되는 면적—옮긴이)를 차지하고 있다. 이 넓은 습지는 (에버글레이즈와 마찬가지로) 우기와 건기를 번갈아 가며 겪는데, 건기에는 습지라기보다 사바나에 가까워진다. 판타나우는 지구상에서 가장 많은 종류의 새가 사는 곳으로 알려져 있다. 기록상 463종이나 되는 이 새들 중, 키가 거의 1.5미터나 되고 부리 길이도 약 28센티미터나 되는 거대한 황새인 검은머리황새는 판타나우를 상징하는 동물이다. 그 밖에도 악어, 캐피바라, 재규어가 살고 있고… 관광객도 있다. 브라질에 속한 판타나우 중 작은 일부는 유네스코 세계유산으로 지정되었으나, 밀렵꾼, 농장, 목장 등이 숲에 한층 더 가까이 접근해 오고 금광과 다이아몬드 광산도 개발되는 등 판타나우 주변에서 인간들이 많은 활동을 벌이고 있다. 이 밖에 오염, 코카인 밀수, 희귀동물 밀렵과 불법 거래도 문제다. 하지만 외진 곳에 위치한 이 귀중한 스웜프에서 법을 집행하는 데에는 힘과 비용이 많이 들어간다. 판타나우도 아마존처럼 탄소를

49 Sergey Kirpotin 외, "Great Vasyugan Mire: How the World's Largest Peatland Helps Address the World's Largest Problems," *Ambio*, 2021.

배출해서 오히려 기후변화를 촉진하는 요소로 변해갈까?

1만 년 전에 형성되었다고 알려진 시베리아 서부의 바슈간은 북반구의 대형 습지다. 판타나우와 더불어 지구의 대기를 조정하는 데 중요한 역할을 한다고 여겨지던 이 스웜프의 길이는 약 592킬로미터에 달하며(지금도 계속 늘어나고 있다), 위치는 오비강과 이르티시강 사이이다. 또한 옆으로 뻗어나간 지류들이 무수히 많아서 폭이 448킬로미터에 이른다. 이 습지에 이름을 준 바슈간강은 물도 제공해 준다. 2007년 세계유산 후보지로 선정되었을 때 신청서에는 특수한 유형의 마이어와 토탄층이 "극도로 복잡하게" 형성되어 있음이 강조되었다. 그러나 끝내 세계유산 목록에 등재되지 못한 것은 스웜프 서쪽에 있는 유전과 가스전 때문인 듯하다. 구불구불 이어진 바슈간[50]을 따라 수천 년 전부터 철새들이 이동했으며, 이 습지는 희귀종과 멸종위기 동식물의 서식지로 타의 추종을 불허한다.[51] 세계적으로 멸종위기에 처해있는 아쿠아틱 워블러가 이곳에서 목격된 적이 있고, 멸종 직전인 흰배중부리도요들이 1909~1925년에 바슈간에서 유일하게 둥지를 틀었다는 기록

---

50 globolo.ru/en/vasyugankoe-boloto-na-karte-vasyuganskie-bolota-rossiya-socialnoe-i.html. 이 자료는 엉터리 영어로 되어있어서 무슨 뜻인지 알기 힘들다. "The people go to the legend of the origin of Vasyugan swamps. It turns out that the swamps created the hell himself, he created the land, dismissed with water with thickets of coarse herbs and curvature trees. The legend says that at first there was no sushi on the ground, there was only water and God went around her. One day, he saw a muddy bubble…" 마치 엄청나게 서투른 AI가 '번역'한 것 같은 글이지만, 'sushi'를 넣은 것은 멋진 듯하다.

51 Kirpotin 외, "Great Vasyugan Mire," 앞의 책.

이 남아있다.[52] 이 새는 1995년에 모로코에서 마지막으로 목격되었다. 이 희귀한 새들을 담은 유일한 영상이 존재한다.

원래 바슈간은 충적세에 열아홉 개 습지가 합쳐진 곳으로, 지금까지 알려진 것이 별로 없는 수로 패턴이 현재 대단한 관심을 끌고 있다. 과거의 연구들은 이곳의 스웜프와 보그를 개발하고 이용하는 방법에 초점을 맞췄으나, 생물학자 세르게이 키르포트킨에 따르면 요즘은 다음과 같이 태도가 바뀌었다.

> 마이어가 어떻게 생겨나서 발달했는지, 마이어의 패턴이 어떻게 저절로 만들어졌는지, 기후변화에 그 넓은 지역이 어떻게 반응하고 또 역(逆)반응했는지 더 많이 이해하는 것. 특별히 중요한 것은 마이어가 자신에게 가능한 역할을 과연 앞으로 어디까지 수행할 것인가 하는 의문이다… 기후변화에 맞서 탄력성 있게 온도를 식혀주고 '국경 경비대' 역할을 할지, 아니면 마이어를 불이 붙기를 기다리는 탄소 폭탄으로 취급해야 할지.[53]

광대한 습지가 사라진 것을 비극으로 생각하고, 과거를 돌이킬 수 없다는 절망적인 확신을 갖기는 쉽다. 이것이 기후위기로 인한 고뇌의 비극적인 일부다. 그러나 귀한 습지가 기후변화의 충격을 누여줄 수 있다는 것, 관심을 갖고 보살피는 손

---

52 magornitho.org/2019/04/.

53 같은 자료.

길에 자연이 열렬하게 반응하는 것을 보면서 대중이 자연계를 바라보는 시각도 점차 달라지고 있다. '자연권'은 법적인 개념으로서 차츰 국제적인 입지를 다지는 중이다. 미국은 수십 개의 다른 나라들과 마찬가지로 '자연권' 관련법을 제정했다. 시민들이 호수, 개울, 대양의 암초, 스웜프 등을 대신해서 소송을 제기할 수 있게 해준 법이다. 2020년 유엔의 생물다양성 정상회의에서부터 시작된 이런 움직임은 급속히 성장하는 중이다. 현재의 관심사 중 하나는 2020년 플로리다주 오렌지카운티에서 통과된 자연권 법의 첫 시험대다. 2021년 4월 호수, 개울, 마시 컨소시엄이 습지를 말살하고 개울을 오염시킬 택지개발 계획을 중단시키기 위해 플로리다 제9 순회법정에 소송을 제기했다. 과거의 무지막지한 개발 역사 때문에, 플로리다는 습지 손상에 매우 예민한 곳이 되었다. 이 소송의 원고는 와일드 사이프러스 브랜치, 보기 브랜치(둘 다 개울 이름—옮긴이), 크로스비 아일랜드 마시, 호수 여러 곳이었다. '원고'란에서 이런 이름들을 읽으면, 정신적으로 엄청난 변화를 겪게 된다.

시간 벌기

예전에 나는 '자연'계에서 평형상태가 가능할 뿐만 아니라 바람직하다고 생각했으나, '자연의 균형' 같은 믿음은 시기에 따라 달라지는 환상임을 알게 되었다.

우리는 토탄지대를 보존하고 복원하는 일이 얼마나 중요한지 조금씩 이해하기 시작했지만, 이 책의 범위 밖에도 물과 관련된 다양한 풍경이 존재한다. 웅덩이, 강가의 저지대, 델타 습지, 걸프 평원 등도 주목을 받을 자격이 있다. 노스다코타와 사우스다코타, 미네소타, 위스콘신, 매니토바, 서스캐처원, 앨버타의 경계선과 국경을 넘어 펼쳐진 초원 웅덩이[54] 지역에는 한때 얕은 마시 같은 연못(물새의 보육원)이 수없이 흩어져 있었다. "헤아릴 수 없이 많은 얕은 호수와 마시, 영양분이 풍부한 토양, 물새에게 최적의 조건인 따뜻한 여름 때문에 세계에서 가장 중요한 습지 지역 중 하나"로 여겨지던 곳이다. 대규모로 날아오는 철새들에게 초원의 웅덩이는 인간들이 긴 여행길에서 들르는 모텔이나 간이식당과 같은 존재였다. 미주리와 아칸소에는 미시시피 강변의 충적토 평원에 저지대가 있었다. 강변 저지대의 옆을 흐르는 개울과 강이 계절에 따라 범람하면, 나일강 유역처럼 땅이 비옥해졌다. 미시시피와 루이지애나에는 델타 습지가 있었다. 강, 습지, 고지대가 복잡하게 섞여있는 곳이다. 텍사스에는 거의 평평한 땅에 개울과 강이 솔기처럼 뻗어있는 축축한 걸프 평원이 있었다. 뉴올리언스는 스웜프 지대에 세워졌다. 그것은 시카고도 마찬가지라서 이제 홍수와 수면상승으로 점차 고생하는 중이다. 스웜프가 다시

54 Mitsch와 Gosselink, *Wetlands*, 5판, 2015, pp. 61~62.

돌아와 자연 속의 제자리를 되찾으려는 열기를 드러내고 있기 때문이다. 브리티시컬럼비아주 밴쿠버 근처에서 고립되고, 줄어들고, 손상된 번스 보그는 여러 가지 상충되는 변화를 겪고 있으며, 복원 프로젝트가 불규칙적으로 이어지는 와중에도 여전히 배수가 이루어지고 있다.

루이지애나의 땅은 미시시피강이 멕시코만 끝부분의 넓은 델타 지역으로 퍼져 들어가면서 토해낸 퇴적물에 의해 수천 년 동안 다져졌다. 델타 지역에는 바닷물, 민물, 진흙, 마시, 모래, 물목이 멋들어지게 섞여있다. 현대에는 이곳에 화학공장들이 들어서서 뉴올리언스와 배턴루지 사이의 지역에 캔서앨리라는 너무나 잘 어울리는 이름이 생겼다. 미시시피강은 제멋대로 흐르기로 유명하다. 잠자리에서 뒤척이는 사람처럼 편안한 자리를 찾아 한 수로에서 다른 수로로 훌쩍 넘어간다. 1882년과 1927년에 대홍수가 일어나는 바람에 의회는 1928년 홍수통제법을 제정했다. 그 뒤로 미시시피강 전체에 수많은 댐, 수문, 홍수통제용 저수지가 들어서서 강이 커다란 진흙 운하로 변했다. 마크 트웨인도 이 무력한 수로가 미시시피강인 줄은 알아보지 못할 것이다. 빙하가 녹으면서 해수면이 높아지자, 루이지애나는 퇴적물과 함께 사라지기 시작했다. 폭풍에 맞서 뉴올리언스를 보호하는 쿠션 역할을 하던 마시들도 물에 잠겼다. 강을 '길들인' 뒤 80년 동안 루이지애나는 해안의 땅 4천790제곱킬로미터(제주도의 약 2.6배 되는 면적—옮긴이)를 잃었다.

1970년대에 과학자들은 그 거대한 강이 가장 도움이 될만한 곳에 진흙을 퇴적물로 내려놓게 만들 계획을 내놓았으나 채택되지 않았다. 2005년 허리케인 카트리나로 장차 얼마나 심각한 미래가 닥쳐올지 알게 된 사람들은 뉴올리언스를 물에 잠기게 만들 범람을 모면하기 위해 해안구조 50년 계획을 시행했다. 이로써 루이지애나는 기후변화에 대처하는 전위에 서게 되었다. 2023년 루이지애나주는 수십 년 동안 강물을 담아두던 바라타리아만 근처 제방에 구멍을 뚫을 예정이다. 그러면 퇴적물이 다시 퍼져나가 마시를 만들 것이다. 해수면이 이미 돌이킬 수 없을 만큼 높아졌기 때문에 이것으로 문제를 해결할 수는 없다. 따라서 과학자들은 회복되는 땅의 넓이에 대한 추정치를 바꿔야 했다. 루이지애나주는 해안에 새로운 땅을 얻겠지만, 동시에 더 많은 것을 잃을 것이다. 해안 지구과학자 토르비외른 퇴른크비스트는 기후위기가 심화되는 때에 이 프로젝트로 시간을 벌고 있다고 믿는다. "…장기적인 관점에서 질서 있는 퇴각과 완전한 혼돈의 차이다."

결국 모든 인간의 머릿속에서 "물이 떠나지 않게" 될 것이다.

감사의 말

코로나19가 유행해서 여행할 수 없는 시기에 나는 토탄이 생성되는 습지에 관심이 있는 학자들과 당국자들을 인터뷰할 수 없었다. 그래서 주로 내가 소장하고 있는 자료, 힘들게 찾아낸 책과 기사에 의지해 펜, 보그, 스웜프에 대한 내 호기심을 충족시켰다. 관찰력이 뛰어난 친구들과의 토론에서도 많은 것을 배웠다. 개중에는 자연계를 연구하는 학문과 직접적으로 관련되어 있는 친구들도 있었다. 오래전 뉴펀들랜드에서 역사가 셀마 바컴을 만났을 때 나는 수중 고고학과 차가운 물(과 보그)속에 보존된 과거에 관심을 갖게 되었다. 태평양 연안 북서부에 갔을 때는 지질학자 캐서린 리드, 해양과학 프로젝트 매니저 벳시 칼슨, 예술가이자 벌 애호가인 캐런 러드, 박물학자 스티브 그레이스의 짜릿한 아이디어들이 많은 도움이 되었다. 고대의 보그에 관해 고고학자 더들리 가드너와

나눈 이야기에서는 몽골 샤머니즘의 부활에 관해 들었다. 내가 이 책에 실린 글들을 쓴 기간은 고작 2년인데, 그동안 기후변화의 속도가 워낙 빨라져서 급류처럼 쏟아지는 새로운 사실을 다 따라가기가 쉽지 않았다. 신문 중에서는 《가디언》이 기후위기에 계속 초점을 맞추고, 거의 매주 먼 곳의 숲과 바다에서 발생한 변화를 보도했다. 심지어 《시베리안 타임스》조차 영구동토층 붕괴, 바타가이에 거대하게 갈라진 틈, 새로 발견되는 고고학적 사실에 관한 기사를 실었다. 나는 《네이처》와 《사이언스》 최신호가 도착할 때마다 우편함으로 달려갔고, 훌륭한 《하카이 잡지》를 포함해서 브리티시컬럼비아와 그라이프스발트 마이어 센터에서 발행되는 온라인 정기간행물과 회보 수십 종을 읽었다. 습지에 관해 조사하는 과정은 확실히 내게 계몽의 기간이었다. 나의 개인적인 생각을 책으로 만들어도 될 것 같다고 생각해 준 내 대리인 리즈 다런소프와 두서없는 글과 씨름해 준 편집자 낸 그레이엄 및 여러 직원들에게 특히 감사하고 싶다.

화재, 홍수, 대기천(대기 중의 수증기가 가늘고 긴 형태를 띠며 이동하는 현상—옮긴이), 해양 산성도, 열돔현상, "변화의 소용돌이" 한가운데에서 우물쭈물하는 해류 등의 격변으로 흔들리는 세상을 직시할 때 얻을 수 있는 유연한 마음가짐을 독자들도 일부 얻을 수 있기를 바란다. 우리 지구가 가스를 내뿜으며 빙글빙글 회전하던 마그마 덩어리 시절부터 줄곧 끊임없이 변하고 있음을 기억하는 것이 좋다.

옮긴이 김승욱

성균관대학교 영문학과를 졸업했다. 뉴욕시립대학교 대학원에서 여성학 과정을 수료하고 〈동아일보〉 문화부 기자로 근무했으며, 현재 전문 번역가로 활동하고 있다. 옮긴 책으로는 《스토너》, 《니클의 소년들》, 《분노의 포도》, 《동물농장》, 《1984》, 《나보코프 문학 강의》, 《스파이와 배신자》, 《히카르두 헤이스가 죽은 해》, 《대담한 작전》, 《듄》 등이 있다.

습지에서 지구의 안부를 묻다

초판 1쇄 인쇄 2024년 8월 14일
초판 1쇄 발행 2024년 8월 22일

지은이 | 애니 프루
옮긴이 | 김승욱
발행인 | 강봉자, 김은경

펴낸곳 | (주)문학수첩
주소 | 경기도 파주시 회동길 503-1(문발동633-4) 출판문화단지
전화 | 031-955-9088(대표번호), 9532(편집부)
팩스 | 031-955-9066
등록 | 1991년 11월 27일 제16-482호

홈페이지 | www.moonhak.co.kr
블로그 | blog.naver.com/moonhak91
이메일 | moonhak@moonhak.co.kr

ISBN 979-11-93790-34-2 03450